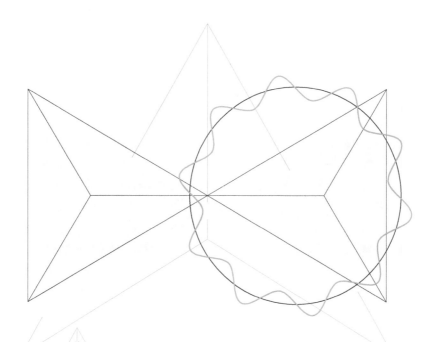

はじめての

無機
材料化学

Inorganic
Materials
Chemistry

Masakuni Ozawa
小澤正邦
［著］

JN047379

講談社

はじめに

　本書は，はじめて無機材料化学を学ぼうとする学生や，無機材料に関する化学的側面を理解しようとする技術者，研究者のために書かれたものである。無機材料化学全体をコンパクトにまとめており，大学の半期で行われる講義用の教科書としても使えるだろう。

　「無機化学」は，有機化学で扱うもの以外のすべてを指す。そのため，無機材料には，金属・合金，電子デバイス，金属錯体，複合材料，触媒などをはじめとした幅広い材料が含まれることになるが，一般に無機材料化学という分野で扱う材料はセラミックスである。無機材料化学では，種々の元素を組み合わせて作製した固体物質の制御と利用をめざしており，対象となる物質群も幅広く，それらの安定性を基礎にして，さまざまな手法が材料の作製のために用いられている。無機材料は現代社会において不可欠な材料である。無機材料化学を軸に他の分野への展開，あるいは，他の分野から無機材料化学への参入，ということはよく見られ，仕事や研究における交差点でもあり，学生や技術者・研究者にとっても夢のある領域でもあるだろう。

　本書では，周期表⇒結晶構造⇒熱力学⇒反応性⇒固体の性質の順，すなわち，無機化学から始めて，無機材料の応用までを通して学べる構成とした。セラミックスおよび無機材料科学に関する書籍が数多くあるなかで，本書を執筆するきっかけとなったことには，筆者自身の経験がある。それは，学びたい（つくりたい，扱いたい）と考えている分野（本書では無機材料化学）の基礎をさまざまな角度からいっぺんにつかむ・イメージすることができる本がほしかった，ということである。本書では，単なる知識ではなく，自らの問題の解決や目的の達成に向けて，何を，どのようにしたらよいかを考えられるような力を身につけてほしい，ということを意識しながら記述した。もちろん，その問題あるいは目的とは，所望の特性を有する1つの化合物の作製ということに限らない，もっと広い意味でもある。本書はさらに先に進むための入門書であり，読者の皆さんそれぞれが思い思いの方向に関心を深めるきっかけになれば，著者としては幸いである。

　出版にあたっては講談社サイエンティフィクの五味研二氏にお世話いただいたことを感謝いたします。『はじめての無機材料化学』のタイトルは氏のすすめによるものである。

2022年1月

小澤　正邦

『はじめての無機材料化学』Contents

第1章

元素と無機材料

1.1 ◆ 元素の性質と周期表

　元素の選択は，望ましい機能を有する材料を開発・製造する際の基本的かつ重要な要素の1つである。各元素の性質の違いは，電子構造の違いに由来する。元素の性質を直接的，間接的に材料の機能へと反映させる分野が無機化学である[1]。有機材料がC, H, O, N, Sなどの限られた元素から構成され，結合の違いによって構造の多様性を生みだしているのとは対照的に，無機化合物はさまざまな元素を組成を変えて組み合わせることにより構造の多様性を生みだしている[2]。

　無機材料の設計・開発過程では，特定の結晶構造をもった化合物に対して，その化学組成を変えることで有益な性質をもたせるということがしばしばなされる。したがって，無機化学においては，個々の元素の性質を押さえておくだけでなく，元素間の類似性・相違性などを全体的に俯瞰しておくことも重要である。

　元素の性質を俯瞰するためには，**図1.1**に示す**周期表**（periodic table）が役に立つ。周期表では，電子配置にもとづいて，元素の諸性質が変化するようすを概観することができる。

1.1.1 ◇ 周期表と電子配置

　周期表は，横方向に族（group），縦方向に周期（period）をとり，それぞれの枠には元素記号と元素名，原子番号，原子量が記載され，原子番号の順（元素が重くなる順）で右方向・下方向に並べられている。

　原子量は，同位体の存在比を考慮した（割合で平均をとった）原子の質量である。電子の質量は陽子および中性子の質量の約1/1840であるため，原子量は陽子と中性子の数をもとに計算される。各元素には，中性子の数だけが異なる同位体がそれぞれ異なる割合で存在する。電子が原子の軌道に入る順序を表したものが**表1.1**に示す電子配置である。元素の性質の違いは，この電子配置の違いに由来する。

　原子は，陽子と中性子を含む原子核と，それをとりまく電子から構成される。原子核は，陽子による正電荷をもつ。陽子数と負電荷をもつ電子数は等しく，原子は電気的には中性で，1つの粒子として安定に存在している。

[1] 「元素」と「原子」について：元素は原子の種類を表す。原子は物質を構成する粒子である。

[2] 金属学では，金属自体の合金化と複合化，さらには加工により，きわめて広範な材料を生みだしている。

凡例：

原子番号
元素名 ― 3Li リチウム ― 元素記号
原子量 ― 6.941

典型元素（非金属元素）
典型元素（金属元素）
遷移元素（金属元素）

□ 固体
△ 液体
■ 気体（常温常圧における単体の状態）

104番以降の元素の性質については詳しくわかっていない。

1	2	3	4	5	6	7	8	9	10	11	12	13	14	15	16	17	18
1H 水素 1.008																	2He ヘリウム 4.003
3Li リチウム 6.941	4Be ベリリウム 9.012											5B ホウ素 10.8	6C 炭素 12.01	7N 窒素 14.01	8O 酸素 16.00	9F フッ素 19.00	10Ne ネオン 20.18
11Na ナトリウム 22.99	12Mg マグネシウム 24.31											13Al アルミニウム 26.98	14Si ケイ素 28.09	15P リン 30.97	16S 硫黄 32.07	17Cl 塩素 35.45	18Ar アルゴン 39.95
19K カリウム 39.10	20Ca カルシウム 40.08	21Sc スカンジウム 44.96	22Ti チタン 47.87	23V バナジウム 50.94	24Cr クロム 52.00	25Mn マンガン 54.94	26Fe 鉄 55.85	27Co コバルト 58.93	28Ni ニッケル 58.69	29Cu 銅 63.55	30Zn 亜鉛 65.38	31Ga ガリウム 69.72	32Ge ゲルマニウム 72.63	33As ヒ素 74.92	34Se セレン 78.97	35Br 臭素 79.90	36Kr クリプトン 83.80
37Rb ルビジウム 85.47	38Sr ストロンチウム 87.62	39Y イットリウム 88.91	40Zr ジルコニウム 91.22	41Nb ニオブ 92.91	42Mo モリブデン 95.95	43Tc テクネチウム (99)	44Ru ルテニウム 101.1	45Rh ロジウム 102.9	46Pd パラジウム 106.4	47Ag 銀 107.9	48Cd カドミウム 112.4	49In インジウム 114.8	50Sn スズ 118.7	51Sb アンチモン 121.8	52Te テルル 127.6	53I ヨウ素 126.9	54Xe キセノン 131.3
55Cs セシウム 132.9	56Ba バリウム 137.3	57-71 ランタノイド	72Hf ハフニウム 178.5	73Ta タンタル 180.9	74W タングステン 183.8	75Re レニウム 186.2	76Os オスミウム 190.2	77Ir イリジウム 192.2	78Pt 白金 195.1	79Au 金 197.0	80Hg 水銀 200.6	81Tl タリウム 204.4	82Pb 鉛 207.2	83Bi ビスマス 209.0	84Po ポロニウム (210)	85At アスタチン (210)	86Rn ラドン (222)
87Fr フランシウム (223)	88Ra ラジウム (226)	89-103 アクチノイド	104Rf ラザホージウム (267)	105Db ドブニウム (268)	106Sg シーボーギウム (271)	107Bh ボーリウム (272)	108Hs ハッシウム (277)	109Mt マイトネリウム (276)	110Ds ダームスタチウム (281)	111Rg レントゲニウム (280)	112Cn コペルニシウム (285)	113Nh ニホニウム (278)	114Fl フレロビウム (289)	115Mc モスコビウム (289)	116Lv リバモリウム (293)	117Ts テネシン (293)	118Og オガネソン (294)

ランタノイド：

57La ランタン 138.9	58Ce セリウム 140.1	59Pr プラセオジム 140.9	60Nd ネオジム 144.2	61Pm プロメチウム (145)	62Sm サマリウム 150.4	63Eu ユウロピウム 152.0	64Gd ガドリニウム 157.3	65Tb テルビウム 158.9	66Dy ジスプロシウム 162.5	67Ho ホルミウム 164.9	68Er エルビウム 167.3	69Tm ツリウム 168.9	70Yb イッテルビウム 173.0	71Lu ルテチウム 175.0

アクチノイド：

89Ac アクチニウム (227)	90Th トリウム 232.0	91Pa プロトアクチニウム 231	92U ウラン 238.0	93Np ネプツニウム (237)	94Pu プルトニウム (239)	95Am アメリシウム (243)	96Cm キュリウム (247)	97Bk バークリウム (247)	98Cf カリホルニウム (252)	99Es アインスタイニウム (252)	100Fm フェルミウム (257)	101Md メンデレビウム (258)	102No ノーベリウム (259)	103Lr ローレンシウム (262)

図1.1 周期表

|表1.1| 原子の電子配置

周期	原子	電子殻				
		K	L	M	N	O
1	$_1$H	1				
	$_2$He	2				
2	$_3$Li	2	1			
	$_4$Be	2	2			
	$_5$B	2	3			
	$_6$C	2	4			
	$_7$N	2	5			
	$_8$O	2	6			
	$_9$F	2	7			
	$_{10}$Ne	2	8			
3	$_{11}$Na	2	8	1		
	$_{12}$Mg	2	8	2		
	$_{13}$Al	2	8	3		
	$_{14}$Si	2	8	4		
	$_{15}$P	2	8	5		
	$_{16}$S	2	8	6		
	$_{17}$Cl	2	8	7		
	$_{18}$Ar	2	8	8		
4	$_{19}$K	2	8	8	1	
	$_{20}$Ca	2	8	8	2	
	$_{21}$Sc	2	8	9	2	遷移元素
	$_{22}$Ti	2	8	10	2	
	$_{23}$V	2	8	11	2	
	$_{24}$Cr	2	8	13	1	
	$_{25}$Mn	2	8	13	2	
	$_{26}$Fe	2	8	14	2	
	$_{27}$Co	2	8	15	2	
	$_{28}$Ni	2	8	16	2	
	$_{29}$Cu	2	8	18	1	
	$_{30}$Zn	2	8	18	2	
	$_{31}$Ga	2	8	18	3	
	$_{32}$Ge	2	8	18	4	
	$_{33}$As	2	8	18	5	
	$_{34}$Se	2	8	18	6	
	$_{35}$Br	2	8	18	7	
	$_{36}$Kr	2	8	18	8	
5	$_{37}$Rb	2	8	18	8	1
	$_{38}$Sr	2	8	18	8	2
	$_{39}$Y	2	8	18	9	2
	$_{40}$Zr	2	8	18	10	2
	$_{41}$Nb	2	8	18	12	1
	$_{42}$Mo	2	8	18	13	1
	$_{43}$Tc	2	8	18	13	2
	$_{44}$Ru	2	8	18	15	1
	$_{45}$Rh	2	8	18	16	1
	$_{46}$Pd	2	8	18	18	
	$_{47}$Ag	2	8	18	18	1
	$_{48}$Cd	2	8	18	18	2
	$_{49}$In	2	8	18	18	3
	$_{50}$Sn	2	8	18	18	4
	$_{51}$Sb	2	8	18	18	5
	$_{52}$Te	2	8	18	18	6
	$_{53}$I	2	8	18	18	7
	$_{54}$Xe	2	8	18	18	8

（遷移元素：Sc〜Cu、Y〜Ag）

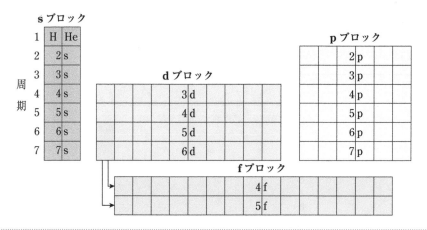

|図1.2| **sブロック元素, pブロック元素, dブロック元素, fブロック元素**

周期表の縦方向の周期は, 量子化学で学ぶ主量子数 n $(=1, 2, 3, 4, \cdots)$ に対応し, $n = 1, 2, 3, 4, \cdots$ はそれぞれK殻, L殻, M殻, N殻, …と対応している[3]。また, 横方向の族は, 電子配列における最外殻の電子数に対応している。

1.1.2◇周期表におけるブロック

図1.2に示すように, 周期表上の元素をsブロック元素, pブロック元素, dブロック元素などとして分類することがある。これはそれぞれの元素におけるs軌道, p軌道, d軌道の重要性にもとづいた分類であり, s, p, dブロック元素ではそれぞれs, p, d軌道の電子が結合に寄与し, 性質を支配する。どのブロックに属する元素を使用するかは, 材料の開発・製造過程において元素を選択する際の基本要素の1つである。

s, p, d軌道はそれぞれ特徴的な形をもつ。**図1.3**にそれぞれの軌道の形を示す。軌道の形は, シュレディンガー方程式の解として得られる波動関数の二乗, すなわち確率分布にもとづいている。それぞれの軌道における電子の数(電子配置)により, 原子の大きさや電子の分布, 元素の各性質の傾向が説明される。

sブロック元素とpブロック元素は典型元素である(希ガス元素を除く)。典型元素の価電子数[4]は, 第1, 2族元素では族の番号と同じで, 13族以降は族番号から10を引いた数である。典型元素の性質は, 原子番号の増大とともに周期的に変化する。また, 同じ族の元素の性質は類似している。後述するが, 原子の大きさ, イオン化エネルギー, 電子親和力, 電気陰性度は, 同じ周期では原子番号が小さいほど大きく, 同じ族では原子番号が大きいほど大きい。また, 第1族元素(水素を除く), 第2族元素, 第12族元素, および, 第13族元素, 第14族元素, 第15族元素, 第16族元素の下のほうに位置する元素は金属元素であるが, 他は非金属元素である。

3　原子についての波動方程式(シュレディンガー方程式)の解は, 主量子数 n, 方位量子数 l, 磁気量子数 m をともなって記述される。主量子数 $n = 1, 2, 3, 4, \cdots$ に対応するのがK殻, L殻, M殻, N殻, …である。l は $0 \sim n-1$ までの値をとり, この軌道は原子核に近いほうから, s軌道, p軌道, d軌道, f軌道, g軌道などと表現される。

4　価電子：化学結合に直接関与する電子で, 希ガスと同じ電子配置(オクテット構造)をもつように, 結合する相手の原子からもらったり, 与えたりする電子である。

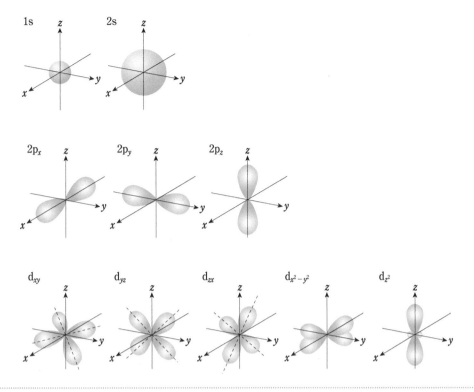

|図1.3|軌道の形

　dブロック元素は金属元素である。原子の大きさ，イオン化エネルギー，電子親和力，電気陰性度には，顕著な周期性がみられない。なお，遷移元素は，d原子をもちd軌道のすべてが満たされていない元素の呼称である。

1.1.3◇原子半径

　図1.4に各元素の原子半径を円の大きさで模式的に示す。周期表の傾向として，原子半径の減少や増加は，電子数に依存する。外側の軌道に電子が増えると半径は増加し，同じ軌道に入る電子が増えると半径は減少する。

　ここでいう外側の軌道とは，原子核から離れた軌道，すなわち主量子数 n に対応するK殻，L殻，M殻，…だけでなく，方位量子数 l に対応するs軌道，p軌道，d軌道の両方の順序を含んでいる。外側の軌道に電子が新たに加わる場合，もっとも外側の電子が原子半径の先端部分となり，電子数の増加は，直接的に原子半径の増大をもたらす。同じ軌道とは，n も l も同じであることを指し，その軌道の中で電子数が増加していく場合，電子の数とつりあうように原子核の電荷の増加があるため，電子は原子核により強く引きつけられていく。このとき，軌道の形状自体は電子の数にかかわらず同じであるため，軌道全体としては核に近づき，原子は収縮することになる。s, pブロック元素では，周期表の下に

Column 1.1

周期表と元素

古代ギリシア哲学では，アリストテレスが「物質の根源は水，風（空気），火，土の4元素である」としたように原子のイメージは主流ではなかった。紀元前5世紀，デモクリトスは「世界は原子と真空よりなる。原子はそれ以上分割できない粒子で，万物の究極の要素である。万物は原子の結合によって作られ，万物の性質は原子の集合の形態と大小，位置の違いとその変化によって生じる」といった考えを唱えた。これが古代原子論である。中世の錬金術では，3元素として水銀，イオウ，塩を活用した物質変性を志向したが，金の創成はならなかった。ラヴォアジェにより，空気中でのダイヤモンド燃焼や鉛の酸化実験が行われ，さらに空気中の酸素（生命の空気）と窒素（毒の空気）の割合が決定され，プルースト，ダルトンによって

元素の簡単な整数比で化合物ができると提唱されるに至り，物質の根源としての原子（元素）が具体的に意識されていった。

図1は，ダルトンが用いた元素記号で，元素間の組み合わせによる化合物の生成を想定し，水素を1として他の元素の原子の重さ（原子量）を決めていった。19世紀，メーヤは，この原子量と原子容（原子量／密度）に極大と極小の周期性を見いだした。メンデレーエフは，元素を周期で並べることを試み，周期表を提案した。図2はそのノートで，族（横）と周期（縦）のある現在の周期表の原型となっている（1869年）。この表に刺激されて，空所に予想される新しい元素の探索と発見が相次ぎ，周期表の有用性が認識された。

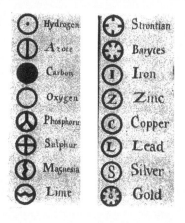

図1 ダルトンが用いた元素記号

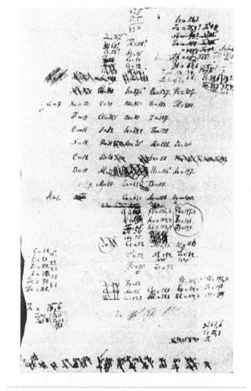

図2 メンデレーエフが周期表を考えたときのノート

1	2	3	4	5	6	7	8	9	10	11	12	13	14	15	16	17	18
H 0.3																	He 0.93
Li 1.32	Be 1.06											B 0.88	C 0.77	N 0.70	O 0.66	F 0.64	Ne 1.12
Na 1.86	Mg 1.60											Al 1.43	Si 1.17	P 1.10	S 1.04	Cl 0.99	Ar 1.54
K 2.31	Ca 1.97	Sc 1.60	Ti 1.46	V 1.31	Cr 1.25	Mn 1.29	Fe 1.26	Co 1.25	Ni 1.24	Cu 1.28	Zn 1.33	Ga 1.22	Ge 1.22	As 1.21	Se 1.17	Br 1.14	Kr 1.69
Rb 2.44	Sr 2.15	Y 1.80	Zr 1.57	Nb 1.41	Mo 1.36	Tc 1.3	Ru 1.33	Rh 1.34	Pd 1.38	Ag 1.44	Cd 1.49	In 1.62	Sn 1.4	Sb 1.41	Te 1.37	I 1.33	Xe 1.90
Cs 2.62	Ba 2.17	La 1.88	Hf 1.57	Ta 1.43	W 1.37	Re 1.37	Os 1.34	Ir 1.35	Pt 1.38	Au 1.44	Hg 1.48	Tl 1.71	Pb 1.75	Bi 1.46	Po 1.4	At 1.4	Rn 2.2
Fr 2.7	Ra 2.20	Ac 2.0															

図1.4 | 原子半径

数字の単位はÅ(オングストローム：1Å＝0.1 nm)。

いくほど半径が増大し，右にいくほど半径が減少するという傾向がより明瞭に表れる。

　一方，dブロック元素の原子半径は，**遮蔽効果**（shielding effect）のためにその変化は小さいものの，下にいくほど原子半径は増大する。遮蔽効果とは，多くの電子をもつ原子においては，他の軌道に含まれる電子による反発を受け，外側にある電子は内側にある電子により遮蔽され原子核の影響が少なくなり，電子と原子核の間の引力がみかけ上減少しているように見える効果である。しかし，周期表の左端から中央に向かって右にいくにつれて原子半径は減少し，中央付近で最小となるものの，再びわずかに増加することがわかる。これは，d軌道には10個の電子が入るが，スピン量子数に関するフントの規則[5]により，まず，5個が軌道全体を占めるように入り，次の6番目の電子は1番目と同じ分布で軌道に入る。このとき，5個目の電子までは遮蔽効果の影響が大きくなっていくが，6個目以降は原子が収縮する効果のほうが強まるためである。

5　フントの規則（Hund rule）：エネルギーの等しい軌道に電子が満たされていくときには，静電反発力を緩和するために電子はできるだけスピンが平行になるように分布するという規則。

1.1.4◇イオン化エネルギーと電子親和力

　原子から電子1個を取り去るのに必要なエネルギーを**イオン化エネルギー**（ionization energy）といい，原子から最初の1個目の電子を取り去るのに必要なエネルギーを**第一イオン化エネルギー**（first ionization energy）という。2個目は第2イオン化エネルギー，3個目は第3イオン化エネルギーという。

$$M \rightarrow M^+ + e^-$$

　第一イオン化エネルギーについては，原子半径が小さいほどイオン化エネルギーは大きくなる（**図1.5**）。原子半径の小さい原子のほうが，静電引力により電子が原子核に強く引きつけられており，電子を取り去る

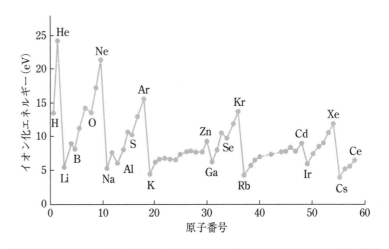

図**1.5**｜**第一イオン化エネルギー**

のに必要なエネルギーが大きいからである。また，原子核の電荷（有効殻電荷[6]）が大きいほうが静電引力が強いため，イオン化エネルギーは大きくなる。

　したがって，s, pブロック元素では，原子半径の傾向を見ればイオン化エネルギーの傾向がわかり，周期表の右にいくときの変化は非常に大きい。イオン化エネルギーは，原子が電子を失って陽イオンになるときのなりやすさと関係する。dブロック元素では，有効殻電荷[6]の効果のほうが大きく，周期表の右にいくとイオン化エネルギーが少しずつ大きくなる傾向にある。

　電子親和力（electron affinity）は電子を付加して陰イオンを生成するのに必要なエネルギーで，イオン化エネルギーと逆の傾向になる。

1.1.5◇イオン半径

　イオン半径（ionic radius）は，原子に電子を付加した，あるいは，原子から電子を取り去った後のイオンにおける原子核から電子雲までの半径である。陽イオン（カチオン）では，原子から電子を取り去った分だけ元の原子半径より小さくなる。陰イオン（アニオン）では，電子が付加されるので元の原子半径より大きくなる。この傾向は，陰イオンになりやすい電気的に陰性の元素，および，周期表の右にあり大きい原子の場合にはより強調される。

　このような陽イオンと陰イオン間の静電引力による結合をイオン結合という。一般にイオン結合性の化合物では，陰イオンが大きく，陽イオンが小さい。第2章で説明するが，結晶において，大きい陰イオンの隙間に小さい陽イオンが入るとき，空間的な制約から陽イオンの数である配位数が異なる。

　無機材料においては，原子物理学で考えるような孤立した気相中のイオンの大きさではなく，結晶を形成した固体中のイオンの大きさを考える。そのため，イオン結晶に関する多くの実測値から，さまざまな結晶において合致するように算定した値が使われている。ポーリング（Pauling）やゴールドシュミット（Goldschmidt），シャノン（Shannon）によるイオン半径の値がよく用いられる。**表1.2**はシャノンのイオン半径で，酸化数と配位数の両方が考慮された系統的なものとなっている。

1.1.6◇電気陰性度

　ある元素について，電子を引きつける性質が強いとき，その元素は電気陰性度が大きいという。電気陰性度は，元素AとBからなる化合物ABについて，AとBの相対的な関係でどちらが電子をより引きつけているのるかを考えるときの目安となる。

　電気陰性度には，ポーリングやマリケン（Mulliken）の値がよく用いられる。A–B間の電気陰性度の差は，A–B間の化学結合を想定したとき

6　有効殻電荷：他の電子による遮蔽を考慮した，ある電子が影響を受ける核電荷。有効核電荷を求めるには，スレーター（Slater）による経験則が用いられる。

1	2	3	4	5	6	7	8	9	10	11	12	13	14	15	16	17	18
Li^{+} 59(4) 76(6) 92(8)	Be^{2+} 27(4) 45(6)											B^{3+} 11(4) 27(6)	C^{4+} 15(4) 16(6)	N^{3-} 146(4) N^{3+} 16(6)	O^{2-} 138(4) 140(6) 142(8)	F^{-} 131(4) 133(6)	Ne^{+}
Na^{+} 99(4) 102(6) 118(8)	Mg^{2+} 57(4) 72(6) 89(8)											Al^{3+} 39(4) 54(6)	Si^{4+} 26(4) 40(6)	P^{5+} 17(4) 29(5) 38(6) P^{3+} 44(6)	S^{2-} 184(6) S^{4+} 37(6) S^{6+} 12(4) 29(6)	Cl^{-} 181(6) Cl^{7+} 8(4) 27(6)	Ar^{+}
K^{+} 137(4) 138(6) 151(8)	Ca^{2+} 100(6) 112(8)	Sc^{3+} 75(6) 87(8)	Ti^{4+} 42(4) 61(6) 74(8) Ti^{3+} 67(6) Ti^{2+} 86(6)	V^{5+} 36(4) 54(6) V^{4+} 58(6) 72(8) V^{3+} 64(6) V^{2+} 79(6)	Cr^{6+} 26(4) 44(6) Cr^{5+} 49(6) Cr^{4+} 41(4) 55(6) Cr^{3+} 62(6) Cr^{2+} 73(6)	Mn^{7+} 25(4) 46(6) Mn^{6+} 26(4) Mn^{5+} 33(4) Mn^{4+} 39(4) 53(6) Mn^{3+} 58(6) Mn^{2+} 67(6) 96(8)	Fe^{6+} 25(4) Fe^{4+} 59(6) Fe^{3+} 55(6) Fe^{2+} 61(6)	Co^{4+} 40(4) Co^{3+} 55(6) Co^{2+} 65(6) 90(8)	Ni^{4+} 48(6) Ni^{3+} 56(6) Ni^{2+} 55(4) 69(6)	Cu^{3+} 54(6) Cu^{2+} 57(4) 73(6) Cu^{+} 60(4) 77(6)	Zn^{2+} 60(4) 74(6) 90(8)	Ga^{3+} 47(4) 62(6)	Ge^{4+} 39(4) 53(6) Ge^{2+} 73(6)	As^{5+} 34(4) 46(6) As^{3+} 58(6)	Se^{2-} 198(6) Se^{6+} 28(4) 42(6) Se^{4+} 50(6)	Br^{-} 196(6) Br^{7+} 39(6)	Kr^{+}
Rb^{+} 152(6) 161(8)	Sr^{2+} 118(6) 126(8)	Y^{3+} 90(6) 102(8)	Zr^{4+} 59(4) 72(6) 84(8)	Nb^{5+} 48(4) 64(6) 74(8) Nb^{4+} 68(6) 79(8) Nb^{3+} 72(6)	Mo^{6+} 41(4) 59(6) Mo^{5+} 46(4) 61(6) Mo^{4+} 65(6) Mo^{3+} 69(6)	Tc^{7+} 37(4) 56(6) Tc^{5+} 60(6) Tc^{4+} 65(6)	Ru^{8+} 36(4) Ru^{7+} 38(4) Ru^{5+} 57(6) Ru^{4+} 62(6) Ru^{3+} 68(6)	Rh^{5+} 55(6) Rh^{4+} 60(6) Rh^{3+} 67(6)	Pd^{4+} 62(6) Pd^{3+} 76(6) Pd^{2+} 64(4) 86(6) Pd^{+} 59(2)	Ag^{3+} 67(4) 75(6) Ag^{2+} 79(4) 94(6) Ag^{+} 67(2) 100(4) 115(6)	Cd^{2+} 78(4) 95(6) 110(8)	In^{3+} 62(4) 80(6) 92(8)	Sn^{4+} 55(4) 69(6) 81(8)	Sb^{5+} 60(6) Sb^{3+} 76(6)	Te^{6+} 43(4) 56(6) Te^{4+} 66(4) 97(6)	I^{2+} 220(6) I^{7+} 42(4) 53(6)	Xe^{+} Xe^{8+} 40(4) 48(6)

表1.2 シャノンのイオン半径 **(つづく)**

数字の単位はpm (1 pm = 10^{-12} m)。

[R. D. Shannon, *Acta Cryst. A*, **32**, 751–767 (1976)]

のA–B間での電子のやりとりに関係するので，イオン化エネルギーや電子親和力の差と似た傾向を示す。電気陰性度は周期表の右にいくほど増大し，下にいくほど減少する。dブロック元素では，電気陰性度のわずかな差を利用して材料の物性を改善することがよく行われる。

マリケンの電気陰性度は，HOMO (highest occupied molecular orbital，もっともエネルギーの高い電子によって占有されている軌道)

Cs⁺	Ba²⁺	La³⁺	Hf⁴⁺	Ta⁵⁺	W⁶⁺	Re⁷⁺	Os⁸⁺	Ir⁵⁺	Pt⁵⁺	Au⁵⁺	Hg²⁺	Tl³⁺	Pb⁴⁺	Bi⁵⁺	Po⁶⁺	At⁷⁺	Rn⁺
167(6)	135(6)	103(6)	58(4)	64(6)	42(4)	38(4)	39(4)	57(6)	57(6)	57(6)	96(4)	75(4)	65(4)	76(6)	67(6)	62(6)	
174(8)	142(8)	116(8)	71(6)	74(8)	60(6)	53(6)					102(8)	89(6)	78(6)				
		83(8)									114(8)	98(8)	94(8)				

Ta⁴⁺	W⁵⁺	Re⁶⁺	Os⁷⁺	Ir⁴⁺	Pt⁴⁺	Au³⁺	Hg⁺	Tl⁺	Pb²⁺	Bi³⁺	Po⁴⁺
68(6)	62(6)	55(6)	53(6)	63(6)	63(6)	68(4)	119(6)	150(6)	119(6)	103(6)	94(6)
						85(6)		159(8)	129(8)	117(8)	108(8)

Ta³⁺	W⁴⁺	Re⁵⁺	Os⁶⁺	Ir³⁺	Pt²⁺	Au⁺
72(6)	66(6)	58(6)	55(6)	68(6)	60(4)	137(6)
					80(6)	

Re⁴⁺	Os⁵⁺
63(6)	58(6)
	Os⁴⁺
	63(6)

Fr⁺	Ra²⁺
180(6)	148(8)
	170(12)

Ce⁴⁺	Pr⁴⁺	Nd³⁺	Pm³⁺	Sm³⁺	Eu³⁺	Gd³⁺	Tb⁴⁺	Dy³⁺	Ho³⁺	Er³⁺	Tm³⁺	Yb³⁺	Lu³⁺
87(6)	85(6)	98(6)	97(6)	96(6)	95(6)	94(6)	76(6)	91(6)	90(6)	89(6)	88(6)	87(6)	86(6)
97(8)	96(8)	111(8)	109(8)	108(8)	107(8)	105(8)	88(8)	103(8)	102(8)	100(8)	99(8)	99(8)	98(8)

Ce³⁺	Pr³⁺	Nd²⁺		Sm²⁺	Eu²⁺		Tb³⁺	Dy²⁺			Tm²⁺	Yb²⁺
101(6)	99(6)	129(8)		127(8)	117(6)		92(6)	107(6)			103(6)	102(6)
114(8)	113(8)			125(8)			104(8)	119(8)			109(7)	114(8)

表1.2 | つづき

とLUMO（lowest unoccupied molecular orbital，もっともエネルギーの低い電子によって占有されていない軌道）のエネルギーの平均値である。すなわち，HOMOから電子を引き抜いてイオンにするためのエネルギー（＝イオン化エネルギー）と，逆にLUMOに電子を付加するのに必要なエネルギー（＝電子親和力）の平均が電気陰性度χであり，物理的な意味がとりやすい。したがって，イオン化エネルギーIと電子親和力E_eを用いて，以下のように表される。

$$\chi = \frac{1}{2}(I + E_e) \tag{1.1}$$

一方，ポーリングは，化合物ABの結合エネルギーD_{AB}が，純物質AとBの結合エネルギーD_{AA}とD_{BB}の平均$(D_{AA} + D_{BB})/2$よりΔだけ大きいと考え，A–B間の電気陰性度の差$\chi_A - \chi_B$を次のように定義した。

$$|\chi_A - \chi_B| = 0.102\,\Delta^{1/2} \tag{1.2a}$$

$$\Delta = D_{AB} - \frac{D_{AA} + D_{BB}}{2} \tag{1.2b}$$

結合A–AおよびB–B間では電荷の偏りはないが，A–B間では電気陰性度の差により電荷の偏りが生じ，その分だけA–Bが強く引きつけあう。そのため，結合が強くなり，生成物ABが安定になると考えられる。両者の差に対して，周期表の各元素の単体とその化合物を見比べて，つじつまのあうように各値を決めていくことで，すべての元素についての電気陰性度χ_A，χ_Bを定めることができる（図1.6）。

族	1	2	3	4	5	6	7	8	9	10	11	12	13	14	15	16	17	18
1	H 2.1																	He —
2	Li 1.0	Be 1.5											B 2.0	C 2.5	N 3.0	O 3.5	F 4.0	Ne —
3	Na 0.9	Mg 1.2											Al 1.5	Si 1.8	P 2.1	S 2.5	Cl 3.0	Ar —
4	K 0.8	Ca 1.0	Sc 1.3	Ti 1.5	V 1.6	Cr 1.6	Mn 1.5	Fe 1.8	Co 1.8	Ni 1.8	Cu 1.9	Zn 1.6	Ga 1.6	Ge 1.8	As 2.0	Se 2.4	Br 2.8	Kr —
5	Rb 0.8	Sr 1.0	Y 1.2	Zr 1.4	Nb 1.6	Mo 1.8	Tc 1.9	Ru 2.2	Rh 2.2	Pd	Ag 1.9	Cd 1.7	In 1.7	Sn 1.8	Sb 1.9	Te 2.1	I 2.5	Xe —
6	Cs 0.7	Ba 0.9	La 1.1	Hf 1.3	Ta 1.5	W 1.7	Re 1.9	Os 2.2	Ir 2.2	Pt 2.2	Au 2.4	Hg 1.9	Tl 1.8	Pb 1.8	Bi 1.9	Po 2.0	At 2.2	Rn —
7	Fr 0.7	Ra 0.9	Ac 1.1	Th 1.3	Pa 1.5	U 1.7	Np 1.3											

図1.6 | ポーリングの電気陰性度

電気陰性度は，イオン結合性と共有結合性が共存するときにその割合を示すのに便利である。化合物のイオン結合性の割合 α は次のように表される。

$$\alpha = 1 - \exp[-0.25(\chi_A - \chi_B)^2] \tag{1.3}$$

オールレッド・ロコウの電気陰性度は，次のように表される。

$$\chi = 0.774 + 0.359\frac{Z_{\mathrm{eff}}}{r^2} \tag{1.4}$$

ここで，Z_{eff} は有効殻電荷，r は共有結合半径である。電子の偏りは，原子に広がった電子による半径と，それを引きつける原子核の電荷によって決まる。原子核の電荷が大きく，半径が小さいほど，電子は原子核に近い位置にあるので，電気陰性度は大きい値となる。オールレッド・ロコウの電気陰性度は，電子軌道をよく反映し，量子化学の説明にもっとも近い。

1.1.7◇原子化エンタルピー

原子化エンタルピーは，元素単体の固体から原子状態へ変化するときのエンタルピー変化である。分子では解離，金属では蒸発のエンタルピー変化に相当し，これらの変化を熱化学反応と見たときの吸熱量として観測できる(符号は逆となる)。原子化エンタルピーの大小は，結合の強さを反映しており，同じ元素では原子間で共有する電子数に依存して変化する。

原子化エンタルピーと結合の強さの関係は以下のように整理できる(**図1.7**)。s, p ブロック元素では，周期表の下にいくほど，原子化エンタルピーは減少する。小さい原子ほど電子が原子核に近いので，核どう

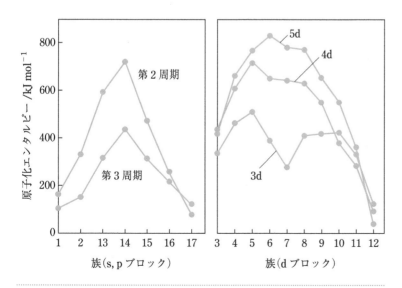

図1.7 | 原子化エンタルピー

しを近づけて結合するため，原子化エンタルピーは大きい。周期表の下にいくと，s, p電子のほかにd電子が結合に関与するようになり，軌道の重なりが少なく，結合が弱くなって，原子化エンタルピーは小さくなる。s, pブロック元素では，右にいくほど電子数が多いが，結合形成において共有できる電子数は周期表の中央にある第14族元素のCやSiなどで最大の4となり，それ以降は少なくなる。したがって，原子化エンタルピーは周期表の中央で最大となるように変化する。

dブロック元素は価電子数が多く結合が強いため，s, pブロック元素より原子化エンタルピーは大きい。周期表の下にいくほど，d電子数の増加によって原子化エンタルピーは大きくなる。また，右にいくときの傾向はs, pブロック元素と同じく中央で最大になるが，3d元素では，d軌道が5個の電子で満たされたときに安定になるため，結合への関与が少なくなり，中央付近での原子化エンタルピーの変化は小さくなる。

1.1.8◇金属と酸化

金属性という呼び名や分類は，周期表の説明の中でよく用いられるが，材料の観点からは誤解されやすいところがある。金属元素とは金属結晶になりうる元素のことである。一方，元素の金属性は陽イオンになりやすい性質のことであり，金属性の傾向はイオン化エネルギーによって決まる。つまり，金属性が高いことは，イオン化エネルギーがより小さいことを指す。

s, pブロック元素では，8個の電子が最外殻のs軌道，p軌道を占め，希ガス元素と同じ電子配置をとるイオンの状態が安定になる。第1, 2, 3族元素では，放出する電子の数が1, 2, 3個であり，酸化数1, 2, 3の陽イオンとなる。第14〜17族元素では，電子を受け取って酸化数−4, −3, −2, −1の陰イオンとなる。これら陰イオンをつくりやすい元素は非金属元素である。金属，非金属は，これらの酸化数の正負あるいは陽イオン・陰イオンの形成しやすさに対応している。

周期表で金属として分類される元素は，酸化状態に特異性があり，1つの元素が数種類の正の酸化数を示す。金属は置かれた環境（固体内や液相，水溶液中など）に応じて，酸化数0〜6までの酸化状態をとることができる。酸化状態は材料の物性に影響し，さらには物性の制御に役立つ。

高い酸化数は，金属元素と酸素などで構成される複合アニオンによって実現し，例えば，過マンガン酸イオンMnO_4^-では，Mnの酸化数は6である。こうしたことは元素の各論に属する内容であるが，金属の性質の一環として，周期表での位置と電子配列，原子半径やイオン半径と連動させて考えると，固体材料の状態，とくに酸化還元や分解，欠陥生成などの現象が理解しやすくなる。

フロスト図（Frost diagram）は，水溶液内で各元素が金属状態からそ

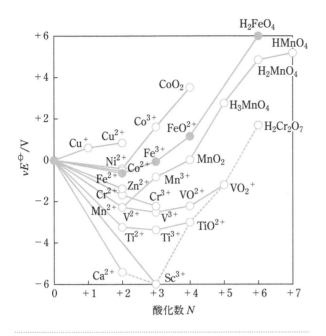

| 図1.8 | フロスト図（CaからCu）
$E^{\ominus}$ は $X^{\nu+} + \nu e^{-} \rightarrow X^{0}$ に対する標準（電極）電位。

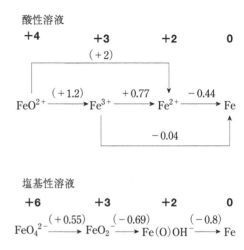

| 図1.9 | ラチマー図の例（Fe）
カッコ内の数値は電位（単位はV）を表す。

れぞれの酸化状態に変化するときの $\nu E^{\ominus}$（$E^{\ominus}$：標準電極電位[7]，ν：酸化数）を酸化数に対してプロットし，各元素のとりうる酸化数（価数）とその相対的な安定性がわかるようにしたもので，元素間の比較もできる。**図1.8**に例としてCaからCuまでの元素についてのフロスト図を示す。

　ラチマー図（Latimer diagram）は，標準電極電位を書き入れ一連の酸化数変化として表現したもので，溶液の条件の違い（酸性，アルカリ性）による状態の違いも記されている。**図1.9**に例としてFeのラチマー図を示した。

　酸化状態は，電子の授受によって生じ，金属か非金属かによらず同様に説明され，金属性や非金属性のようなあいまいさがない。また，酸化還元反応における酸化力，還元力が電位で示されているので，無機物質の反応性の判断に役立つ。水溶液での金属の半電池の標準電極電位のデータを元素ごとに見ていき，さらに全体の値を一望することで元素の選択に応用することができる。

　金属イオンは，最外殻軌道に電子対を受け入れられる空の軌道があるため，ルイス酸[8]である。酸の強さ，すなわち電子対を受け入れる能力の強さは，正電荷の増加，核電荷の増加（周期表の同一周期について），核を取り囲む電子数の減少にともない増加する。

7　標準電極電位については，第3章3.1.4項および3.8.2項を参照。

8　ルイス酸については，第3章3.8.1項を参照。

Column 1.2

地球は金属でできている?

地球を構成する元素には，周期表上で金属に分類される元素が多いからといって，「地球が金属でできている」というと，それは地質学や材料化学から見れば誤解を招く，限りなく誤った表現に近い。金属元素からなる金属は，金属酸化物から還元されて生成する。地球上でもっとも多い元素は酸素であり，多くの元素は酸素を含む化合物として存在する。

金属結晶では，金属原子の相互作用によって，電子は固体全体にわたって非局在化している（金属結合，バンド構造）。また金属は，電気伝導率や熱伝導率が高く，延性と展性をもっているとされるが，有用な電子物性をもつすべての金属がこうした性質をもっているわけではない。高温超伝導体 $YBa_2Cu_3O_7$（YBCO）は延性と展性をもたないが，高い電気伝導度を示し，金属的性質をもっ

ている。金属－絶縁体相転移をおこす物質は，周期表上の金属元素＝金属という理解からは，大きな距離を感じさせるものの1つである。力学的な性質と電気的な性質は，その発現の物理的原理が異なり，したがって，金属元素の性質から材料の性質を直接説明できるような無機材料（金属を含む）はごく一部である。

無機材料化学では，周期表での金属元素という呼び名にこだわらず，金属元素と金属的な物性を区別して理解する必要がある。周期表の元素はもっとも大切な天賦のカードで，さらに電子は難解な記号であり，そのカードや記号で何を書こうとするか，そして新材料を探索することは，この分野の面白さの1つだろう。元素の組み合わせから，それぞれの元素を超える物性を見いだして，生活に役立てようとしているのである。

1.1.9◇結合エンタルピーと結合長・配位数

結合エンタルピーは，物質を構成する元素間の結合の強さを表す指標であり，化合物ABについては分解のエンタルピーに相当する。元素の単体では原子化エンタルピーに相当する。

結合エンタルピーが大きくなる，すなわち結合が強くなるのは，もっとも簡単には，電子の重なりの度合いが大きい状態で化学結合している場合である。また，結合長が短いほど結合エンタルピーは大きい。結晶など，相互に配列しあった原子が結合に関与し，原子が立体的に配位しあっているときなどでは，電子の重なり，結合の広がりや方向は，まわりの原子の数（配位数）にも影響される。原子（半径）の大小が配位数の違いにも表れる。小さい原子は隣接する少数の原子としか結合を形成しないが，大きい原子は多数の原子と高い配位数をとる[9]。

孤立電子対をもつ原子について比べると，結合エンタルピーは，pブロック元素では下にいくほど減少し，小さい原子ほど電子の重なりが多いために増大する。dブロック元素ではd電子の関与が大きくなり，下にいくほど増大する。

9 配位，配位数については，第2章 2.1.2項を参照。

1.2 ◆ 元素各論

　無機化学には元素の諸性質を説明する元素各論という分野がある。ある意味で博物学のような内容である。化学では，知識そのものが重要な役割を果たすため，元素に関する多くの知識をもっていることは，材料に利用する元素の選択や，材料の性質の考察において役に立ち，また実際の材料の合成・製造過程においても重要となる。

1.2.1 ◇ sブロック元素

水素H

　水素は単純な原子構造で，宇宙での存在率がもっとも大きく，他と元素とは異なる広がりのある性質を示す。水素イオン(H^+，プロトン)や水素化物イオン(H^-，ヒドリドイオン)となり，それぞれ多くの元素と化合物を形成する。単体は2原子分子で，H，重水素(D)，三重水素(T)の3つの同位体がある。水素ガスH_2は工業的に重要で，その合成には水H_2Oと炭素Cを含む物質の反応を用いた水蒸気改質反応[10](炭化水素など)や水性ガス反応(コークスなど)などがある。H_2O，メタンCH_4のような分子状(共有結合性)水素化物のほか，金属結晶内の空格子点に原子状Hが存在する金属類似水素化物(水素吸蔵合金)，また水素化カルシウムCaH_2のようなイオン結合性の化合物をつくる。水素結合は，電気的に陰性の元素(O, Nなど)と水素との結合の極性が大きいために正に帯電したHが，他の電気的に陰性の元素に挟まれてO–H⋯Oのように橋渡しをしてできる結合である。

第1族元素(アルカリ金属)：リチウムLi，ナトリウムNa，カリウムK，ルビジウムRb，セシウムCs，フランシウムFr

　第1族元素は1価(酸化数1)の陽イオンを生じやすく，還元力が強く，イオン化エネルギーが小さい。電気陰性度が低く(陽性が強く)，標準電極電位は負に大きい。周期表の下にいくにつれて，沸点と融点は低く，密度とイオン半径は大きくなり，水和イオン[11]の半径は小さくなる。また，水酸化物，炭酸塩，フッ化物などの金属塩の水に対する溶解性は，周期表の下にいくにつれて増大する。金属リチウム，金属ナトリウム，金属カリウムは水と爆発的に反応する。また，これらは炎色反応を示す。

　リチウムは，南米のチリ，アルゼンチンや中国の塩湖水などから産出され，溶融塩電解法により製造される。主な用途に，金属リチウムを使う一次電池，リチウムイオンを使う二次電池，原子炉の制御棒などがある。リチウムはマグネシウムに似た性質を示し(対角関係[12])，マグネシウム合金の成分，半導体の成分でもある。

　ナトリウムは海水，岩塩などに存在し，地殻内の存在率は2.6%である。金属ナトリウムは，溶融塩電解法により塩化ナトリウムNaCや水酸化

10　水蒸気改質反応については，第5章5.10.2項を参照。

11　水和イオン：陽イオンのまわりにH_2O分子が配位して$M(OH)_x^{n+}$のような分子として水中に存在する。

12　周期表で，各族の第1周期元素は，その右下の元素と似た性質を示す。これは対角関係とよばれ，Li–Mg，Be–Al，B–Siが，それぞれ性質が似た組み合わせとなる。

ナトリウムNaOHから製造される。金属ナトリウムは原子炉の冷却材である。水酸化ナトリウムや炭酸ナトリウムNa_2CO_3などが主要な工業製品である。

カリウムは鉱物，海水などに存在し，地殻内の存在率は2.4%である。ナトリウムと同様，電解法で製造され，水酸化物，炭酸塩，硫酸塩，リン酸塩，ケイ酸塩などが工業製品である。

ルビジウムは放射性をもつため，年代測定に利用される。セシウムは鉱物として存在し，金属マグネシウムなどで還元することにより製造され，その合金は陰極材料として利用される。フランシウムは放射性である。

第2族元素（アルカリ土類金属）：ベリリウムBe，マグネシウムMg，カルシウムCa，ストロンチウムSr，バリウムBa，ラジウムRa

第2族元素は2価（酸化数2）の陽イオンを生じやすく，還元力が強く，電気陰性度が低い（陽性が強い）。原子番号が大きくなると，沸点は低く，イオン半径は大きくなる。水和イオンの半径は同周期の第1族元素に比べて小さい。炭酸塩は水に難溶である。水酸化物の溶解度は，周期表の下にいくほど大きくなる。炎色反応を示す。

ベリリウムは緑柱石として存在し，金属ベリリウムは溶融塩電解法により塩化物から製造する。金属は軽量で硬いが，もろく，酸化されやすい。アルミニウムと性質が似ている（対角関係）。化合物は有毒である。X線透過性があり，X線分析機器の窓材として用いられる。そのほかに，合金や原子炉減速材としての用途がある。

マグネシウムは炭酸塩鉱物のドロマイトや海水中（含有率は1.3%）に存在する。金属マグネシウムは混合溶融塩電解法によりMg-Ca-Na塩化物から製造される。アルミニウム系合金の成分である。酸化マグネシウム（マグネシア）MgOは製鋼用の耐火物として用いられる。マグネシウムは無機機能材料において有用な成分で，スピネルなどの複合酸化物の成分として広く用いられる。

カルシウムは，石灰石（$CaCO_3$）や方解石などの炭酸塩や硫酸塩（石膏），蛍石（CaF_2），リン灰石（$Ca_5(PO_4)_3(F,Cl,OH)$）などとして産出される。動物の骨や歯はリン酸塩のヒドロキシアパタイトからなる。金属カルシウムは溶融塩電解法によって塩化物から製造される。酸化カルシウム（カルシア）CaOはセメント原料として大量に用いられる。石膏（$CaSO_4 \cdot 2H_2O$）を130〜170℃で焼くと，焼き石膏（$CaSO_4 \cdot 0.5H_2O$）となり，これに水を混ぜると再び二水和物となって固化する。

ストロンチウムは炭酸塩や硫酸塩として産出され，カルシウムと同様にして製造される。電子セラミックスの原料として利用されている。

バリウムは硫酸塩や炭酸塩として鉱物から産出され，金属バリウムは酸化物の電解により製造される。ペロブスカイト型構造のチタン酸バリウム$BaTiO_3$は強誘電性で，コンデンサーや圧電体などの電子材料とし

て広く用いられている。硫酸バリウム$BaSO_4$は医療用のX線造影剤として用いられる。ラジウムは放射性である。

1.2.2◇pブロック元素

ホウ素とアルミニウムはd電子をもたないが，ガリウム，インジウム，タリウムの最外殻の電子配置は$d^{10}s^2p^1$（d 軌道はs, p軌道の1つ内殻）であり，同じ第13族元素でも性質が異なる。ホウ素は硬く，その化合物の多くは共有結合性である。一方，ホウ素以外の元素の化合物はイオン性（陽性）である。

ホウ素はホウ砂（$Na_2B_4O_5(OH)_4 \cdot 8H_2O$）として産出され，金属マグネシウムなどで還元した後に酸処理することで製造される。ホウ素はケイ素と性質が似ており（対角関係），共有結合性の水素化物（B_2H_6など）をつくる。酸素関連化合物として，層状構造のホウ酸$B(OH)_3$をつくり，加熱によりガラス状無水物B_2O_3になる。炭化ホウ素B_4Cは硬いために研磨材として使用される。窒化ホウ素BNは人工合成されて放熱性をもつ絶縁体などに使われる。

アルミニウムはボーキサイト（主成分はAl_2O_3）や氷晶石（Na_3AlF_6）などの鉱石として産出され，溶融塩電解法によって製造される。天然の鉱物に多く含まれ，長石，雲母，粘土などのアルミノケイ酸塩類の主成分である。金属アルミニウムは，その表面に酸化膜を形成するために腐食されにくく，軽量金属材として機械・電子部品に多用されている。また，その合金は，Al–Mn系（ジュラルミン），Al–Si系，Al–Mg系，Al–Cu系，Al–Mg–Si系，Al–Zn系などの多くの材料があり，広範囲な用途で利用される。陽イオンは3価で，4配位の化合物をつくる。Al_2O_3はアルミナとよばれ，多くの多形をもつが，その1つのコランダム型構造（α型）はサファイアなどの宝石の母相であり，硬く，高融点，高強度で腐食しないためにセラミックスとして多用されている。また，γ型などの準安定アルミナは多くの触媒の担体として利用される。

ガリウムは亜鉛精錬の副産物として製造される。窒化ガリウムGaN，ヒ化ガリウムGaAsなどの半導体として発光ダイオード（light emitting diode, LED）などに利用されている。インジウムは合金の成分である。タリウムは殺鼠剤の成分で有毒である。

最外殻の電子配置はs^2p^2で，形式電荷4価として共有結合性の化合物をつくる。スズや鉛の陽イオンは2価の状態にもなる。

炭素は，炭酸塩および二酸化炭素CO_2のような無機物のほか，生物の生体内や，植物起源の石炭，石油として広く分布して存在する。CO_2

は，炭素化合物の酸化反応によって生成し，水和すると pH に依存して炭酸イオンや炭酸水素イオンとなる。大気中の CO_2 は温室効果ガスとして地球温暖化に大きく関与する。一酸化炭素 CO は，炭素化合物の不完全燃焼によって生じる。工業的にはコークスと水蒸気を反応させる水性ガス反応によって H_2 とともに合成され，種々の工業的な合成反応に利用される。

炭素には自身で直接結合する性質（カテネーション）があり，単結合，二重結合，三重結合によって鎖状または環状結合を形成し，多種多様な有機化合物を構成する。一方，炭素の無機物としての同素体としては，層状六方晶の黒鉛，立方晶のダイヤモンド，無定形炭素のほか，フラーレン，カーボンナノチューブ，グラフェンなどがある。炭素材料は，活性炭や炭素繊維，電池用電極をはじめ，航空機部材，製鉄炉用の電極，原子炉用材，カーボンブラックのインクや充塡剤などとして幅広く用いられている。

ケイ素 Si は，酸素の次に地球上での存在量が多く（約26%），ケイ酸塩や石英 SiO_2 として産出される。単体のケイ素は，二酸化ケイ素（シリカ）SiO_2 のコークスによる還元反応で製造される。Si は半導体工業の中心となる材料であり，現代の情報化社会を支えるほぼすべてのデバイスに利用されている。SiO_2 には，石英のほかにもいくつかの結晶多形があり，ガラスとしても多用されている。ケイ酸塩化合物はセラミックス工業（陶磁器産業）において重要な原料であり，また炭化ケイ素 SiC，窒化ケイ素 Si_3N_4 などが高温耐火物部材として利用される。シリコーン[13] は Si–O 結合をもつ重合体で，耐熱性，電気絶縁性のある樹脂材として用いられる。

ゲルマニウムの存在量は少なく，石炭，セン亜鉛鉱の不純物から回収される。ゲルマニウムはダイヤモンド構造の半導体で，pn 接合はゲルマニウム半導体によりはじめて実現された。

スズはスズ石として産出され，コークスで還元した後に SiO_2 などと溶融して分離し，さらに溶融塩電解することで製造される。スズめっき（ブリキ）や青銅として利用される。高温で酸化することで生成する二酸化スズ SnO_2 は，家庭用ガスセンサーの主成分である。

鉛は方鉛鉱（PbS）として存在し，CO による還元で製造される。鉛 Pb と二酸化鉛 PbO_2 は，鉛蓄電池の電極である。鉛の板は波長の短い電磁波をきわめて効率よく吸収するため，X 線遮蔽材として用いられる。赤色（PbO–PbO_2），白色（塩基性炭酸塩）の顔料，ガラス成分としての利用がある。

第15族元素：窒素 N，リン P，ヒ素 As，アンチモン Sb，ビスマス Bi

最外殻の電子配置は s^2p^3 で，陽イオンは3と5の酸化数をとる。周期表の下にいくほど沸点は高くなる。窒素とリンは非金属元素であるが，

13 シリコーンは英語では silicone と書く。ケイ素（silicon，シリコン）との違いに注意。

ヒ素，アンチモン，ビスマスは金属元素である。

窒素 N_2 は大気中の主成分で，78%を占める。N_2 は解離エネルギーが944.7 kJ/mol と大きく，室温で安定(不活性)な気体である。高温では反応し，アンモニア NH_3 や窒素酸化物(NOx)を生成する。

NH_3 は，ハーバー・ボッシュ法により H_2 と N_2 から製造され，人類の生活に重要である窒素肥料の原料となる。ヒドラジン N_2H_4 は強い還元剤である。硝酸 HNO_3 は NH_3 の酸化(オストワルド法)によって製造される。一酸化二窒素 N_2O，一酸化窒素 NO，二酸化窒素 NO_2，四酸化二窒素 N_2O_4 などは，NOx(ノックス)と総称され，化石燃料の燃焼によって生じる大気汚染物質である。金属窒化物は，金属の空格子点に N が入った侵入型化合物であり，高融点で，硬く，化学的に不活性で，超硬材料として利用される。窒化ガリウム GaN，窒化アルミニウム AlN などは半導体として有用である。

リンは，リン鉱石として産出され，コークスとケイ砂を用いた還元反応によって製造される。単体として天然にも存在する。結合様式の異なる白リンや黒リンなどの同素体をつくる。白リン P_4 には強い毒性がある。リン酸カルシウムは，動物の骨，歯の主成分である。

ヒ素は硫化物として存在し，酸化後に還元することで製造される。単体，化合物ともに強い毒性がある。半導体であるヒ化ガリウム GaAs の成分であり，殺虫剤などの用途もある。アンチモンとビスマスは合金の成分である。

第16族元素：酸素 O，硫黄 S，セレン Se，テルル Te，ポロニウム Po

第16族元素は，カルコゲンとよばれる元素群である。周期表の下にいくほど融点は高くなり，イオン半径は大きくなる。酸素，硫黄，セレンは非金属元素，テルル，ポロニウムは金属元素である。

酸素 O_2 は大気中で2番目に多い成分で，21%を占める。地殻にも多く含まれるため，地球上での存在率が46.6%と，もっとも多い元素である。O_2 の同素体としてオゾン O_3 がある。大気中に含まれるオゾンの約90%は，地表から10〜50 km の領域にある成層圏に存在し，太陽から降り注ぐヒトに有害な紫外線を吸収して，DNA損傷や皮膚がんなどから守る役割がある。同位体としては ^{16}O，^{17}O，^{18}O がある。無機材料としては酸素を含む金属酸化物が多用されており，酸化物イオン伝導を利用した酸素センサーや酸素富化装置，燃料電池として実用化あるいは研究されている。水素との化合物である水は生命の源である。

硫黄は，単体あるいは硫化物，硫酸塩として産出され，石油精製や硫化物からの金属精錬の副産物として製造される。硫黄には，斜方硫黄，単斜硫黄，ゴム状硫黄という3つの同素体が存在する。硫酸 H_2SO_4 は，二酸化硫黄 SO_2 の酸化により得られる三酸化硫黄 SO_3 を水に溶解させることで製造する。S系合金は固体二次電池材料としての可能性が注目さ

れている。セレン，テルルは半導体などの成分として用いられている。

　第17族元素はハロゲンとよばれる。最外殻の電子配置はs^2p^5で，電子を受け取って1価の陰イオン（酸化数-1）となる。周期表の下にいくほど，融点と沸点は高く，イオン半径は大きくなる。フッ素以外は，-1～7の幅広い酸化数をとる。電気陰性度は，同じ周期では最大である。

　フッ素は，蛍石（CaF_2），氷晶石（Na_3AlF_6），フッ素リン灰石として産出され，溶融フッ化物の電解によって製造される。フッ素の用途の中心はフッ素樹脂であり，耐薬品性や耐熱性を生かしたフィルムやコート材のほか，プロトン伝導体の燃料電池膜にも用いられる。

　塩素は，海水中や岩塩の主成分として産出され，食塩水の電解によって製造される。塩素の用途は塩化ビニル樹脂や，塩素系溶剤，医薬品である。

　臭素は，海水，岩塩中に産出され，水中イオンを塩素Cl_2で酸化することで製造される。常温で赤褐色の液体である。

　ヨウ素は，チリ硝石の不純物として産出され，臭素と同様に，塩素Cl_2で酸化することで製造される。常温で固体であり，医薬品に利用される。

　第18族元素は最外殻が電子で満たされた安定な電子構造をもち，常温で不活性な気体で，希ガスとよばれる。液体空気から分留により製造される。実験室では不活性ガスとして利用される。また，蛍光灯やタングステンランプの充填ガスとしても利用される。

1.2.3◇dブロック元素

　dブロック元素は，最外殻軌道の1つ内側のd軌道が順に満たされていく。いずれも最外殻のs軌道の電子は1個あるいは2個で共通であるので，化学的によく似た性質を示す。その変化に富む性質から，無機化学や無機材料化学では中心的な存在である。なお，第3～11族元素を総称して遷移元素，その単体を遷移金属という。dブロック元素は周期表の第4～7周期まであり，第4周期のスカンジウムSc以降を第1系列，第5周期のイットリウムY以降を第2系列，第6周期のランタンLa以降を第3系列とよび，これらは応用上きわめて重要な元素群である。

　単体の融点は1000℃以上と高く，常温常圧で金属の結晶として安定であるため（常温常圧で液体であるHgを除く），金属材料として有用である。また，その多くが常磁性，強磁性を示すため，磁性材料としても有用である。多くの酸化数をとり，また元素によって第一イオン化エネ

ルギーは550～900 kJ/molの幅広い範囲をとる。電気化学的な性質においても有用で，めっき，電池などに利用される。

第4族元素：チタンTi，ジルコニウムZr，ハフニウムHf

最外殻の電子配置はd^2s^2（dはsの1つ内殻）で，酸化数4が安定である。単体のチタンは，硬く，高い融点（1600℃）をもち，熱伝導性にすぐれ，電気伝導率が高い。高温で非金属元素と反応して化合物をつくり，二酸化チタン（チタニア）TiO_2，窒化チタンTiN，炭化チタンTiC，四塩化チタン$TiCl_4$などの形で利用される。Ti-Ni系合金はマルテンサイト変態[14]を利用した形状記憶合金である。TiO_2は顔料，光触媒として用いられているほか，色素増感太陽電池の材料としても研究されている。チタン酸バリウム$BaTiO_3$はコンデンサーとして利用されている。

単体のジルコニウムは，硬く，高い融点（1850℃）をもち，機械的性質・耐食性にすぐれ，化学・原子力分野の構造材として利用される。熱伝導性にすぐれ，電気伝導率が高い。二酸化ジルコニウム（ジルコニア）ZrO_2は，MgO, CaOを添加した安定化ジルコニアとして耐火物に利用される。また，酸化イットリウム（イットリア）Y_2O_3を添加したZrO_2は酸化物イオン伝導性にすぐれ，酸素センサーに広く利用される。ZrO_2の約40％が自動車排ガス浄化用の触媒材料として利用されている。

ハフニウムHfはZr系原料の不純物として含まれていることがある。二酸化ハフニウムHfO_2は高誘電率材料として利用されている。

第5族元素：バナジウムV，ニオブNb，タンタルTa

単体は高い融点をもち，耐食性にすぐれるため，工具鋼の成分に利用される。最外殻の電子配置は，バナジウムとタンタルはd^3s^2，ニオブはd^4s^1である。酸化数5が安定である。LiやKと，NbやTaとの複合酸化物（$LiNbO_3$，$LiTaO_3$）は強誘電性の結晶材料として利用される。これらのオキソ酸は元素が複合したヘテロポリ酸[15]として興味深い物性を示す。

第6族元素：クロムCr，モリブデンMo，タングステンW

Fe-Cr系合金はステンレス鋼の代表的な成分である。モリブデンの融点は2630℃，タングステンは3400℃と，いずれも高融点である。最外殻の電子配置は，クロムとモリブデンはd^5s^1，タングステンはd^4s^2である。多くの酸化数をとる。オキソ酸をつくり，またヘテロポリ酸になる。

クロムは無機顔料の呈色に利用される。Na_xWO_3はタングステンブロンズとよばれ，金属電導性を示す。二硫化モリブデンMoS_2は潤滑剤として利用される。モリブデンのカルコゲン化物はシェブレル相とよばれる特異な結晶構造となる。

14　マルテンサイト変態：固相の相転移の1つで，無拡散で原子がわずかに移動しておこる結晶構造変化。金属学では生成した組織もマルテンサイトという。

15　ヘテロポリ酸については，第2章41頁の欄外注2を参照。

第7族元素：マンガンMn，テクネチウムTc，レニウムRe

最外殻の電子配置はd⁵s²で，さまざまな酸化数をとる。とくにマンガンは−3から7の酸化数をとる。Mnは一次電池に利用される。過マンガン酸イオンMnO_4^-は酸化力が強く，酸化還元滴定に利用される。

第8族元素：鉄Fe，ルテニウムRu，オスミウムOs

最外殻の電子配置は，鉄とオスミウムはd⁶s²，ルテニウムはd⁷s¹で，さまざまな酸化数をとる。鉄は鉄鋼の材料として広く用いられ，製鋼精錬で鉄鉱石をコークスによって還元することで製造する。約4％のSi，Pなどを含む銑鉄から，さらにCを約2％含む鋼を製造する。910℃付近でマルテンサイト変態（α−β相転移）をおこし，鉄鋼材料特有の組織を形成する。FeおよびFeとB，C，N，Si，Pとの合金ならびに酸化物には磁性を示す結晶が多くあり，磁気記録媒体として利用される。希土類金属との合金は強力な永久磁石として多用されており，とくにNd−Fe−B系はすぐれた性能を有する。鉄はフェロセンや血液中で酸素運搬をする役割をもつヘモグロビンのような錯体も形成する。

第9族元素：コバルトCo，ロジウムRh，イリジウムIr

コバルトは強磁性を示し，また希土類との合金（SmCo系など）は永久磁石として有用である。コバルトは−1から4までの酸化数をとり，多くの錯化合物を形成する。ロジウムは，その90％以上が自動車の排ガス浄化触媒[16]に用いられている。イリジウムは合金の微量添加成分として利用される。

16　自動車排ガス浄化触媒については，第5章5.10.3項を参照。

第10族元素：ニッケルNi，パラジウムPd，白金Pt

ニッケルはステンレス鋼，めっき膜，貨幣などの合金として利用されている。産業利用されるもののうち，パラジウムの約70％，白金の約60％が，自動車の排ガス浄化触媒に用いられている。

第11族元素：銅Cu，銀Ag，金Au

単体は電気伝導性，熱伝導性が高く，延性，展性に富み，電線，電極として多用される。宝飾品などとして価値の高い金属である。

第12族元素：亜鉛Zn，カドミウムCd，水銀Hg

第12族元素はd軌道をすべて満たしているときはpブロック元素のような性質をもつが，結合してd電子を失うと遷移金属のふるまいをする。亜鉛はセン亜鉛鉱として産出され，精錬してめっきの原料として用いられる。カドミウムはその際の副産物である。水銀は，辰砂（しんしゃ，HgS）として産出され，室温において液体で蒸気圧が高い。酸化亜鉛ZnOは白色顔料，硫化水銀HgSは赤色顔料，硫化カドミウムCdSは黄

色顔料として用いられる。

1.2.4◇fブロック元素

　fブロック元素にはランタノイドとアクチノイドが含まれる。ランタノイドでは4f軌道，アクチノイドでは5f軌道の内側には，それぞれ6s軌道，7s軌道がかなり広がっており，6s軌道，7s軌道による遮蔽効果が不完全となる。そのため，原子番号が大きくなり原子核の陽子数が増加すると，f電子は核電荷により強く引きつけられるようになり，外側にあるf電子は原子核に近づいて，原子半径が次第に減少していく。ランタノイドおよびアクチノイドの原子半径が原子番号とともに小さくなっていく現象は，とくに**ランタノイド収縮**(lanthanoid contraction)および**アクチノイド収縮**(actinoid contraction)とよばれる。

　fブロック元素と，第3族元素のイットリウムYおよびランタンLaをあわせて**希土類元素**(rare-earth element)とよばれる。また，fブロック元素はスカンジウムScと似た性質を示す。希土類元素は，合金やセラミックスの微量添加物としてよく用いられ，金属としては$SmCo_5$，$Nd_2Fe_{14}B$などの金属間化合物が磁性材料として有用である。酸化物としてもっとも利用が多いのはセリウムCeで，電子産業分野での化学研磨剤および自動車触媒の助触媒として二酸化セリウム(セリア)CeO_2が利用される。希土類元素は一般的には酸化数3をとるが，Ceは酸化数4が安定である。イットリウムYはYAGレーザー($Y_3Al_5O_{12}$)の成分である。f軌道の狭いエネルギー準位に特徴があり，微量添加された材料が蛍光・リン光光源として利用される。

　アクチノイドは放射性物質で一般に応用されることは少ないが，ウランUの同位体の分離は原子力発電をはじめとした核技術の要である。

1.3◆無機材料と化学結合

　無機材料には単体のまま材料として用いられている元素もある。新元素の発見は周期表の提案直後に活発となり，多くの元素はその予測から発見に至った。キュリー夫人によるバリウム鉱石からのラジウムの発見がその代表例である。ラジウムは第2族元素と化学的な性質が類似するが，物理的には放射性をもつ。原子力発電では，ウランのように中性子数の異なる同位体を分離して核反応の崩壊性を制御し，利用することも行われている。しかし今後，安定な元素が新たに発見されることは，あまり期待できない。すなわち，単体として材料に利用できる元素は，現在の周期表上の元素とその同位体に限られる。そこで，元素を変数因子とする無機材料の研究開発では，複数の元素の組み合わせ，すなわち化合物の形成や，特定の結晶構造(第2章参照)の構築が重要である。

1.3.1◇単体

　単体における化学結合には，化合物に存在するような電気陰性度の違いによって生じる原子間の電子の偏りはなく，原子間の結合は均等である。しかし，金属原子1個と，金属間結合により固体となった金属とでは，構成する元素は同じでも，材料という観点ではまったく異なる。また，同じ元素からなる単体でも，結晶構造や分子構造によって性質は異なる。

　その典型例として炭素材料があげられる。炭素はグラファイト，ダイヤモンドの結晶，非晶質などの多形に始まり，グラフェンのような二次元物質，フラーレン，カーボンナノチューブといった分子など，さまざまな状態をとる。つまり，単体であっても，原子や分子，さらには結晶の空間的な配列の違いによって，異なる性質が生じる。固体状態において，結晶構造の相転移を利用することで，強度や電気的性質が向上した材料へと変化させることができる。

　金属材料では，鉄がもっとも重要である。純粋な鉄を基本に，炭素や他の金属を少量混合したものも材料として用いられる。半導体においてもっとも重要なケイ素(シリコン)の結晶では，他の元素を微量添加(ドープ)することによって半導体の性質を制御している。一方，金，白金，パラジウム，ロジウムなどの貴金属は，元素がもつ固有の性質自体が他に代えがたい特徴をもっている。

　このようにして，元素が単体で固体となり，材料になる場合，その元素を基本として別の元素を微量添加することも考えながら，材料を開発することになる。

1.3.2◇イオン結合と共有結合

　化学結合は，イオン結合，共有結合，金属結合に大きく分類される。イオン結合は，ある元素の原子は価電子を放出して陽イオンとなり，別の元素の原子は価電子を取り入れて陰イオンとなり，この陽・陰イオン間での静電引力により引きつけあって生じる結合である。共有結合は，ある原子と別の原子が価電子のすべてまたは一部を共有して生じる結合である。金属結合は，電子を共有するが，その電子は原子間を自由に移動できるような状態となっている結合である。

　イオン結合は陰陽イオン間の静電引力に起因するため，電気陰性度の表から元素の間の電荷の偏りを考えることで，次式をもとに化合物の結合におけるイオン結合性の割合 α を評価できる。

$$\alpha = 1 - \exp[-0.25(\chi_A - \chi_B)^2] \tag{1.5}$$

これによって，一連の化合物の結合における共有結合性からイオン結合性への変化のようすを描いたのが**図1.10**である。

　化合物の結合におけるイオン結合性・共有結合性の違いは，材料の開発・製造に向けた化合物の選択において重要な要素である。例えば，高

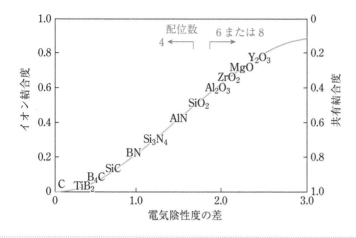

図1.10 | **共有結合性からイオン結合性への変化を表す図**
[日本材料学会 編，破壊と材料（先端材料シリーズ），裳華房（1989）を改変]

温でも分解しない耐熱性セラミックスの材料選定においては，共有結合性の高いセラミックスが，結合が強く融点が高いので，その候補となる。

結晶におけるイオン結合の中に共有結合が増す様子を，イオンの大きさと核電荷から考えてみる。イオンが大きくなると電子の分布が広がる。一方，核電荷が大きくなると電子をより強く引きつけて電子の分布は広がらなくなる。原子がイオンとなった陽イオンでは，イオンの半径が小さいほど，イオンの電荷が大きいほど，陰イオン側の電子を引きつけやすくなる。一方，陰イオンの側から見ると，イオンの半径が大きいほど，イオンの電荷が大きいほど，核電荷からの束縛が弱いため，電子は陽イオンに引きつけられやすくなる。共有結合は，2つの原子が電子を共有することで，それぞれの電子配置が閉殻構造（希ガス元素と同じ電子配置）となり，安定化したものである。陽イオンが陰イオン側の電子雲が強く引きつけて均等な電子の分布に近づくほど，共有結合性は増す。このように，陽イオンが小さくなるほど，陰イオンが大きくなるほど，またイオンの電荷が大きくなるほど共有結合性が強くなるという傾向は，ファヤンスの規則（1923年）として指摘されている。

化合物の共有結合性とイオン結合性の考察には，電子軌道を正確に計算する量子化学的なアプローチが利用される。

1.3.3◇固体の化学結合と元素

半導体や電子伝導性を示す金属酸化物の物性などは，金属結合，イオン結合といった考え方ではすぐに説明できない。例えば，GaNの結晶は半導体性を示し，青色発光ダイオードとなるが，単体では，Gaは金属，N_2は気体であり，GaとNのそれぞれの化学的性質からGaNの性質を推察することはできない。しかし，GaNのバンド構造が適当なバンドギャップをもつことが理解できれば，それを利用して青色発光を生じる

19　ベドノルツ（Johannes Georg Bed-
norz, 1950〜）はドイツの物理学者。ミュ
ラー（Karl Alexander Müller, 1927〜）は
スイスの物理学者。酸化物高温超伝導
体の発見により，1987年のノーベル
物理学賞を共同受賞した。

ことが説明できる[17]。

　金属原子1個から原子どうしが接近し集合して分子になると，原子軌道（s, p, d軌道など）は分子軌道となり，いくつかのエネルギー準位をもつように再構成される（分子のときは，結合性軌道と反結合性軌道）。さらに多数の原子が集まり結晶をつくると，多数の軌道は互いに重なり合い，結晶全体で生じた軌道には非常にエネルギー差の小さい準位が多数存在するようになる。結晶の軌道のエネルギー準位は，幅が狭くほとんど連続している帯状に重なっているので，**バンド構造**（band structure）とよばれる（**図1.11**）。低いエネルギーで結合のため電子がつくるバンドを価電子帯，その上の高いエネルギーで形成されるバンドを伝導帯とよび，その間の軌道がない部分を禁制帯とよぶ。また，禁制帯の幅を**バンドギャップ**（band gap）とよぶ[18]。

　高温超伝導体である$La_{1-x}Ba_xCuO_4$（LBCO）の存在は1984年にはすでに知られており，結晶構造（K_2NiF_4型）もわかっていた。しかし，高温超伝導性は予測されていなかった。ミュラーとベドノルツ[19]は1986年にLBCOが高温超伝導現象を示すことを発見し，その後さらに，それまでの法則では説明できないような現象が発見されたことにより，新たな高温超伝導体の化合物群が研究された。超伝導現象も含め，金属元素ではなくても金属的な性質を示す現象は，一般的な周期表の元素の化学からの延長では予測することができない。光学的性質や誘電性，磁性といった電子がもたらす性質は，このような化学結合と電子状態を念頭に置いた電子の集団的なふるまい（バンド構造）として理解する必要がある。

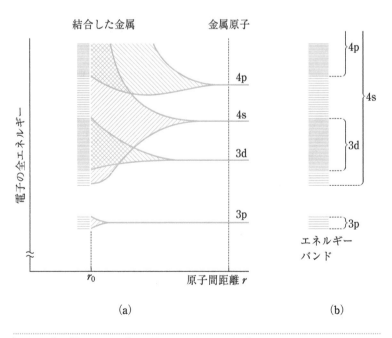

│図1.11│ 金属原子からバンド構造がつくられる模式図
（a）孤立した金属原子から原子間距離r_0で結合した金属結晶がつくられるときのエネルギー準位の変化のようす。（b）電子の各軌道の広がりとエネルギーのバンド構造。

Column 1.3

計算科学の援用とマテリアルズ・インフォマティクス

　材料開発においては，理論，実験に加えて，計算科学を利用したアプローチが普及している。理論研究は，論理的な思考によって原理を見いだし，それにもとづいて材料を開発しようとするもので，演繹的なアプローチである。計算科学は，理論を理解したうえで，理論にもとづいて解答を導くことを計算機の高速性を利用して加速する。実験研究は帰納的なアプローチで，実際に材料を作製して特性を評価することで結果を得ているが，その原理を理論に求めながら，どの原理やどの元素を用いればよいかなど，思考の道筋は研究者の個人に依存し，経験や手段を駆使して総合的に行われる。これまでの多くの発見・発明は，実験結果にもとづき，その結果を論理的に思考すること

によって原理を見いだすというアプローチからなされてきた。

　マテリアルズ・インフォマティクス(materials informatics)は，情報処理技術をフルに活用して材料開発を進めていく分野である。とくに，機械学習またはデータ科学とよばれる統計数理に基づいた技術が注目されている。人による帰納的な思考のアプローチを計算機内で行うことを目指し，理論による原理追究とともに，統計処理の最適化によって要因を分析し，それらの相関を明らかにすることが目的となる。そして，その先で，一見関係のない因子間に関係性を見いだせれば，それまで思いつかなかった新たな材料や手法が見いだせるとしてその利用が期待されている。

　無機材料化学ではこうした化合物としての固体の性質を利用するため，元素に関する化学だけでは理解できず，量子力学や固体物理学を身につけておくことが必要である。無機材料の研究をその性質の向上といった観点から取り組むには，他の分野と化学的な性質の理解，知識を組み合わせることが重要である。元素の組み合わせにより新しい状態を見つける，あるいは新しい化合物を合成することは，材料開発においては，新しい元素を提供したのと同じくらいの意味がある。すなわち，化合物が1つの新しい元素のような意味をもってくる。一度合成された化合物の解析を進めることで，一群の材料開発での新たな基本とすることができ，特徴ある化学的・物理的性質を生かして，さらにその性質を向上させることができる。元素の選択は周期表内に限定されるが，元素の組み合わせによる化合物の形成には探索の余地が大いにある。結晶構造において陽イオンを部分的に置換したり，陰イオン位置の元素も変えたりすることで，基本の結晶構造を誘導して特定の目的に向けて性質を向上させる材料探索は，数多くなされてきた。その基礎としては，化学結合（電子状態）の理解と制御が重要である。

　無機材料を構成する元素はすべて周期表上にあり，材料開発における元素の選択に際しては，周期表が包含している有用な知見を利用できる。実験と理論による無機材料の探求は，第一原理計算[20]などでの計算機の援用もあって進歩しつづけており，将来的にも周期表を活用した新材料の探索が期待される。

20　第一原理計算：物質系を構成する元素と分子（結晶）構造から，実験データを参照しないで，原子核および他の電子からのものを含む全ポテンシャルを計算し，電子状態を求める計算法。このとき，他の電子からのポテンシャルを電子密度の関数として与える方法を密度汎関数法(density function theory, DFT)という。第一原理計算により分子軌道を推算するソフトウエアが開発されており，現在は，有料のソフトウエアだけでなく，無料で公開されているものも利用することができる。

第**2**章

無機固体の結晶構造

2.1 ◆ 結晶の構造

2.1.1 ◇ 結晶構造の基礎：最密充填

　無機材料を理解するには，結晶化学の知識が不可欠である。固体結晶の構造は，原子やイオンの配列によって決まり，空間上の幾何学的特徴によって表現される。結晶化学では，原子，イオン，分子などを粒子とみなして，その配列を考える。これら粒子の空間の占め方をもとに結晶構造を定めるが，とくに無機材料については，粒子の配列の無限のつながりに対して化学結合の性質を加味し，物性を理解していく。

　第1章1.1.2項および1.1.4項で述べたように，結晶における原子半径やイオン半径は，単独の原子やイオンの大きさではなく，結晶構造の中での原子やイオンの配列をもとにして決定した値である。したがって，結晶における原子半径やイオン半径は，結晶構造，とくに配位数に依存して異なる値になる。

　球を空間的にもっとも密に詰めて並べる方法には，六方最密充填と立方最密充填がある。いま，**図2.1**のように平面上に同一半径の球を並べることを考える。球を最密充填で1層並べると，その球に隣接する球は最大6つであり，この最密充填層をつくる並べ方は1つしかない。次に，この第1層（A層とする）の球の間にあるくぼみに球を置き，第2層（B層とする）をつくると，B層の球は，A層にある3つの球と接触している。B層の球が置かれているのは，A層の全くぼみのうちの半分である。B層でも，それぞれの球に隣接する第2層内の球は6つである。B層は，A層を水平方向にずらしたものであり，最密充填となる並べ方はやはり1つだけである。なお，A層の全くぼみのうち，別の半分の位置に球を置いたものも実質的には同じ構造である。

　一方，第3層での球の置き方には2通りある。B層の上に第3層を積むとき，第3層が第1層（A層）の上にくるようにすると，A–B–Aという配列になる。また，第3層をA層ともB層ともずらして置くと，A–B–Cという配列になる。ABAB…という層の並べ方を**六方最密充填**（hexagonal closed paching, hcp）とよび，ABCABC…という層の並べ方を**立方最密充填**（cubic closed packing, ccp）とよぶ。最密充填構造において球によって占められた空間は全体積の74％で，1つの球に隣接する球の数は

(a)六方最密充填　　　(b)立方最密充填

| 図2.1 | 六方最密充填(hcp)と立方最密充填(ccp)

12である。

　結晶構造のもつ対称性を完全に表すことができる最小の繰り返し単位を**単位胞**(unit cell)または**単位格子**(unit lattice)[1]とよぶ。結晶化学では，六方最密充填や立方最密充填のような球の充填について単位胞をもとに考える。六方最密充填構造の単位胞は，六方晶単位格子とよばれる。

　立方最密充填構造の単位格子は，最密充填構造を斜めから見て，球が立方体をつくっている部分を切り出したものである。立方最密充填構造の単位格子は，立方体の頂点と各面の中心に1個ずつ球があるので，**面心立方**(face-centered cubic, fcc)格子とよばれる(**図2.2**)。

　体心立方(body centered cubic, bcc)構造は，立方体の各頂点に加えて，立方体の中心に同じ球がある構造で，球によって占められた空間は最密充填構造の74%に比べて小さく，68%である。すべての金属単体が最密充填構造をとるわけではなく，最密充填構造の金属でも高温になると，このような疎な構造に相転移することがある。

　そのほかに金属においてよくみられる最密充填ではない構造として，**単純立方**(primitive cubic, cubic)構造がある。単純立方格子では，球は立方体の各頂点のみにある。

　準結晶(準周期的結晶)では，単位構造が無限に正確に繰り返されてはおらず，原子の位置が単位構造の無理数倍で繰り返される。準結晶には結晶学的な規則が当てはまらず，例えば5回対称性がみられる。準結晶の概念はAl-Mn系超急冷合金の研究に基づき1984年に発見された(2011年ノーベル化学賞)。

1　単位格子と単位胞について：単位格子も単位胞も同じ意味で用いられるが，格子が仕切りという意味であるのに対し，胞は空間という意味であり，ニュアンスが多少異なる。

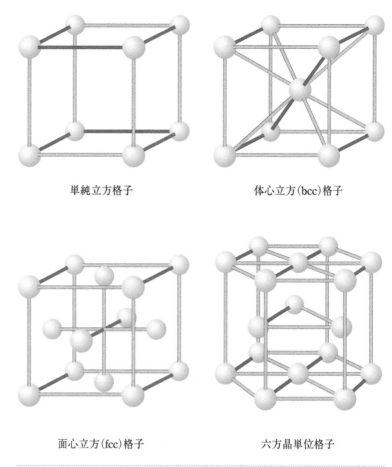

単純立方格子　　　　　　　　　体心立方(bcc)格子

面心立方(fcc)格子　　　　　　　六方晶単位格子

| 図2.2 | 単純立方格子，体心立方(bcc)格子，面心立方(fcc)格子，六方晶単位格子

　結晶以外に非晶質(アモルファス)という構造もある。非晶質は結晶に比べて構造の乱れがある固体であり，特有の性質をもっている(2.3.3項参照)。

2.1.2◇配位位置(サイト)

　最密充填構造において，球によって占められていない26%の空間は，間隙である。この間隙を他の原子やイオンが占めることができ，イオンが形成する結晶の多くは，1種類のイオンが最密充填構造をとり，この間隙を他の種類の原子やイオンが占めるという構造である。それぞれのイオンは互いのイオンにより配位されている構造を考えることができ，それらが空間全体に広がっている状態として，結晶構造を理解することができる。そのため，間隙を配位位置(site，サイト)とよぶ。

　最密充填構造における球の間隙(サイト)には2種類ある。1つは4つの球に囲まれた四面体のサイトで，もう1つは6つの球に囲まれた八面体のサイトである。四面体サイトは，第1層にある3つの球とその上あるいは下の層にある1つの球でつくられる間隙である。八面体サイトは，

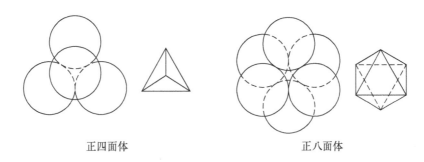

正四面体　　　　　　　　　　　　正八面体

図2.3 真上から見た2層目の上に3層目を積んだようすおよびつくられる正四面体と正八面体

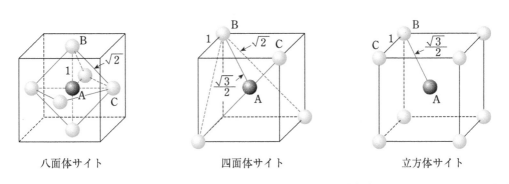

八面体サイト　　　　　　四面体サイト　　　　　　立方体サイト

図2.4 八面体サイト，四面体サイト，立方体サイトに入る球の大きさを示す幾何学的関係

第1層にある3つの球とその上あるいは下の層にある3つの球でつくられる間隙である（**図2.3**）。最密充塡構造の球の数，八面体サイトの数，四面体サイトの数の比は1：1：2である。四面体サイト，八面体サイト以外に，単純立方格子の中心には立方体サイトがある。

間隙の大きさおよびそこに入る球の大きさについては，簡単な幾何学から**図2.4**のように求められる。一般に，イオン結晶においては，陰イオンのほうが大きく，陽イオンのほうが小さい。最密充塡し，空間全体を満たしている陰イオンなどの粒子がつくる多面体構造を配位多面体といい，配位多面体の空隙であるサイトを占める陽イオンなどの粒子は多面体頂点にある粒子に配位されている。このように配位多面体とサイトを占めるイオンなどとの幾何学的な関係に応じて，配位数，半径比は**表2.1**のように決まる。この配位多面体の考え方を拡張すると，粒子が最密充塡しない場合，例えば，二次元平面の構造に特徴がある結晶や鎖状構造の場合の配位についても考えることができる。

まず，典型的な結晶構造である岩塩型構造（**図2.5**(a)）をもつ塩化ナトリウム（NaCl）の結晶を考える。Na^+とCl^-が交互に配列して，それぞれの八面体は空間を満たすように立方最密充塡構造をとる。Na^+はCl^-のつくる八面体サイトを占めている。配位数は互いに6である。一方，塩化セシウム（CsCl）の結晶では，Cl^-が単純立方構造をとり，立方体サイトをCs^+が占める（**図2.5**(b)）。配位数は8である。これらのことは，

表2.1 配位数と配位多面体と半径比の範囲の関係

配位数	安定な配位になれる半径比の範囲	配位多面体
2	0〜0.155	直線
3	0.155〜0.225	三角形
4	0.225〜0.414	四面体
6	0.414〜0.732	八面体
8	0.732〜1.0	立方体
12	1.0	立方八面体

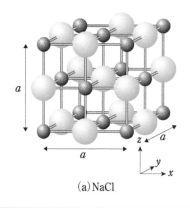

(a)NaCl

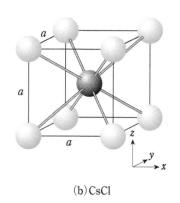

(b)CsCl

図2.5 アルカリハライドの典型的な結晶構造

Na^+/Cl^-とCs^+/Cl^-のイオン半径比がそれぞれ**表2.1**に当てはまるような値をとることから理解される。このようにイオンが規則的に配列したイオン結晶では，正−負−正−負…の電荷の配列となり，空間を占める粒子間が相互に引きつけあい，結合の強いイオン結晶を形成する。

2.1.3◇イオン結晶の基本構造

　陰イオンの充填とサイトへの陽イオンの配置という考え方によって，多くのイオン結晶の基本構造が理解できる。陰イオンと陽イオンがそれぞれ1種類だけのときの結晶構造を充填構造とサイトの関係から**表2.2**のように整理される。

　イオン結晶である化合物AXの構造を考えてみよう。$A(A^{n+})$が陽イオンで小さく，$X(X^{n-})$が陰イオンで大きいとする。岩塩型構造ではXが立方最密充填(fcc)構造をとり，Xのつくる八面体サイトをAが占めている。ヒ化ニッケル(NiAs)型構造ではXが六方最密充填(hcp)構造をとり，八面体サイトをAが占めている。塩化セシウム型構造は単純立方構造をとり，立方体の中心をAが占める。

　鉱物の硫化鉄FeSには同じ組成でも，セン亜鉛鉱型構造とウルツ鉱型構造の異なる構造がある(**図2.6**)。セン亜鉛鉱型構造ではS^{2-}が立方最

| 表2.2 | 陰イオン(X)と陽イオン(A)がそれぞれ1種類だけのときの結晶構造と充填構造とサイトの関係 |

組成式	Xの充填構造	Aの占有	配位数 (A:X)	構造型	化合物の例
AX	立方最密充填	四面体位置の1/2	4:4	セン亜鉛鉱型	ZnS, SiC
	六方最密充填	四面体位置の1/2	4:4	ウルツ鉱型	ZnS, ZnO, SiC
	立方最密充填	八面体位置のすべて	6:6	岩塩型	NaCl, MgO, FeO
	六方最密充填	八面体位置のすべて	6:6	ヒ化ニッケル型	NiAs, FeS
	単純立方	立方体位置のすべて	8:8	塩化セシウム型	CsCl
AX_2	単純立方	立方体位置の1/2	8:4	蛍石型	CaF_2, CeO_2, ZrO_2
	立方最密充填(歪んだ)	八面体位置の1/2	6:3	ルチル型	TiO_2, SnO_2, MnO_2
	正四面体連結構造	八面体位置の1/2	4:2	SiO_2	
A_2X_3	六方最密充填	八面体位置の2/3	6:4	コランダム型	Al_2O_3, Fe_2O_3, Cr_2O_3
	立方最密充填	八面体位置と四面体位置欠陥		スピネル型	Al_2O_3(γ型)
A_2X	立方最密充填	四面体位置のすべて	4:8	逆蛍石型	Li_2O

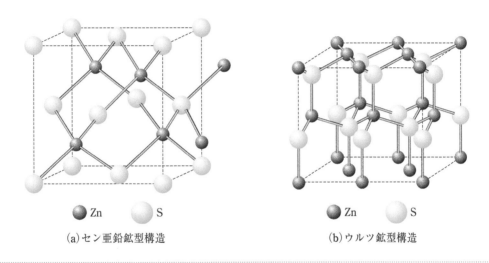

● Zn ○ S	● Zn ○ S
(a)セン亜鉛鉱型構造	(b)ウルツ鉱型構造

| 図2.6 | 硫化鉄FeSの結晶構造

密充填構造をとり,Fe^{2+}が四面体サイトの1/2を占める。両方のイオンをすべて炭素原子に置き換えたのがダイヤモンド構造で,炭素原子の結合の方向性を満たすように四面体を連続した構造となっている。ウルツ鉱構造では,S^{2-}が六方最密充填をとり,Fe^{2+}は四面体サイトの1/2を占める。ZnO,AlN,GaNなども同様な構造をもつ。

　AX_2の組成をもつ蛍石(CaF_2)型構造は,Xが単純立方構造をとり,Aは8配位サイトの1/2を占める(**図2.7**)。ルチル型構造はTiO_2の鉱物名に由来し,Ti^{4+}が直方体の8つの頂点と体心の位置にある。6つの酸化物イオンO^{2-}がつくる八面体サイトの1/2をTi^{4+}が占めると考えることもできるが,ルチル型構造における酸化物イオンの層は平面ではなく波打った構造であるため,歪んだ六方最密充填構造と見ることもできる。SiO_2は,SiO_4単位が連結した構造である(2.1.5項参照)。

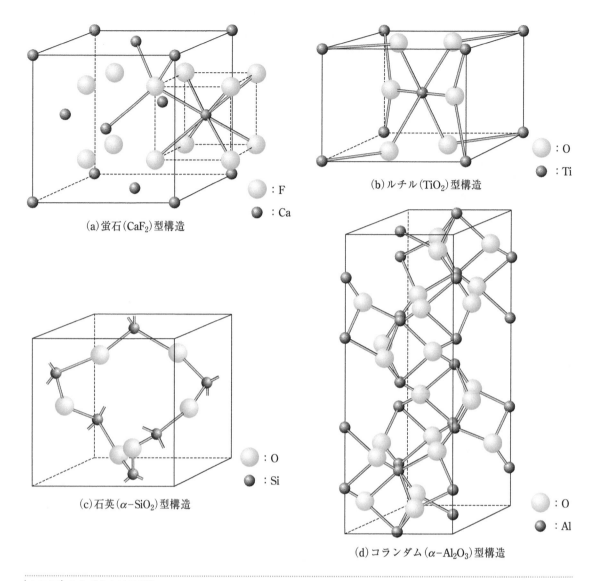

(a) 蛍石(CaF$_2$)型構造

: F
: Ca

(b) ルチル(TiO$_2$)型構造

: O
: Ti

(c) 石英(α-SiO$_2$)型構造

: O
: Si

(d) コランダム(α-Al$_2$O$_3$)型構造

: O
: Al

|図2.7| さまざまな結晶構造

　A$_2$X$_3$の組成をもつコランダム(Al$_2$O$_3$鉱物の一種)型構造では，Xが六方最密充塡構造をとり，Aが八面体サイトの2/3を占める。

　また，同じA$_2$X$_3$の組成をもつ化合物でも，酸化数3の金属イオンX^{3+}が配位構造をとり，陰イオンA^{2-}を欠損させた特殊な構造がある。準安定相のγ-Al$_2$O$_3$は，後で述べるAB$_2$X$_4$のスピネル型構造から，陽イオンA，Bが欠損した構造である。また，希土類金属の酸化物では蛍石型構造を歪ませてかつ酸化物イオンO^{2-}が欠損した構造となる。Mn$_2$O$_3$では，陽イオンMn^{3+}は立方最密充塡構造をとり，その四面体サイトの3/4をO^{2-}が占める。

　そのほか，層状化合物として，Xが六方最密充塡構造をつくり，八面体サイトに対して1層おきにAが入るヨウ化カドミウム(CdI$_2$)型構造

や，Xが立方最密充塡構造をつくり，八面体サイトに対して1層おきにAが入る塩化カドミウム($CdCl_2$)型構造がある。

2.1.4◇複合酸化物の構造

AXの2成分の基本構造を発展させて，複数の金属イオンを含む複合酸化物の構造を考えることができる。陰イオンが充塡構造をつくり，八面体(6配位)サイトと四面体(4配位)サイトに混合して陽イオンが入る場合，陰イオンの空隙に入る陽イオンのイオン半径によって陽イオンが入るサイトは異なる。また，1つの陰イオンに対するサイトの数は，八面体サイトが1つ，四面体サイトが2つである。そのため，占有割合と電荷数から，化合物の化学式に相当する構造を考えることができる。**表2.3**に，陰イオンの最密充塡構造と陽イオンのサイトで分類した結晶構造および化合物の例を示した。

スピネル型構造には正スピネル型構造と逆スピネル型構造がある。正スピネル型構造は化学式AB_2X_4で示され，陰イオンが立方最密充塡構造をとり，その間隙に陽イオンがある。その割合は，陰イオン(X)が32個あるとすると，四面体(A)サイトに8個，八面体(B)サイトに16個ある(**図2.8**)。すなわち，陽イオンは四面体(A)サイトの1/8，八面体(B)サイトの1/2を占め，あとは空である。逆スピネル構造は，イオン半径の違いのために，$B(A,B)X_4$のようにBイオンが四面体，八面体の両方のサイトに入った構造である。

ペロブスカイト($CaTiO_3$)型構造(ABX_3)を**図2.9**に示す。Aは大きい陽イオンであり，AとXを合わせたAX_3がつくる立方最密充塡構造の八面体サイトに6配位でBが入る構造と見ることができる。2つの陽イオンA，Bが異なるサイトを占め，Bは八面体に囲まれて6つの結合B–Xをつくり6配位となるが，AはXに対して12配位となる。ペロブスカイト型構造の誘導体や，ペロブスカイト型構造を含むさらに複雑な構造をもつ化

| 表**2.3** | 陰イオン(OまたはXで表示)の最密充塡構造と陽イオン(AとBの2種類)のサイトで分類した結晶構造

組成式	Xの充塡構造	AとBの占有	配位数 (A:B:X)	構造型	化合物の例
ABX_3	立方最密充塡(AとX)	AがXを置換(1:3)	12:6:6	ペロブスカイト型	$CaTiO_3$, $BaTiO_3$
		Xの八面体位置(B)			
ABX_3	六方最密充塡	八面体位置の2/3(A, B)	6:6:4	イルメナイト型	$FeTiO_3$
AB_2O_4	立方最密充塡	四面体位置の1/8(A)	4:6:4	スピネル型	$FeAl_2O_4$, $MgAl_2O_4$
		八面体位置の1/2(B)			
$B(A, B)O_4$	立方最密充塡	四面体位置の1/8(B)	4:6:4	逆スピネル型	$FeMgFeO_4$, $MgTiMgO_4$
		八面体位置の1/2(A, B)			
AB_2O_4	六方最密充塡	八面体位置の1/2(A)	6:4:4	かんらん石型	Mg_2SiO_4
		四面体位置の1/8(B)			
ABX_2	立方最密充塡	八面体位置(A, B交互)		層状岩塩型	$NaFeO_2$, $LiCoO_2$

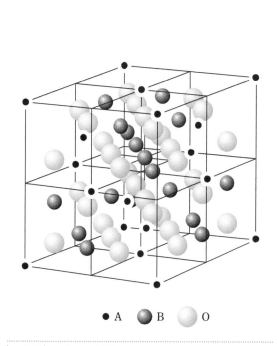

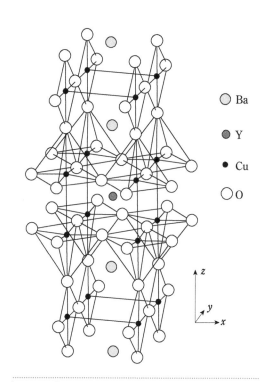

| 図2.8 | スピネル型構造

● A　◐ B　○ O

| 図2.10 | YBa₂Cu₃O₇の構造

○ Ba
◑ Y
● Cu
○ O

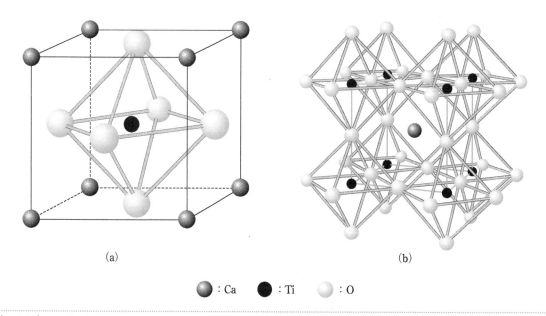

(a)　　　　　　　　(b)

● : Ca　● : Ti　○ : O

| 図2.9 | ペロブスカイト型構造

　合物もあり，それらは誘電性，圧電性，電気伝導性，超伝導性，磁性な
ど有用な性質を示すことで知られる。**図2.9**(b)はABX₃内のBX₆八面体
が連なっているようすを示しており，この構造の歪みや電子状態がペロ
ブスカイト型構造をもつ化合物の特徴ある性質を生みだしている。三酸

化レニウム(ReO_3)はペロブスカイト型構造のAがなく，$Re^{6+}-O^{2-}$八面体が連なり，金属銅に匹敵する電気伝導性を示す。**図2.10**に示す$YBa_2Cu_3O_7$（YBCO）は，92 K以下の温度で超伝導性を示し，酸素の空格子のあるペロブスカイト型類似単位（CuO_4平面）がYとBaに挟まれて連なり電子伝導面となる特徴ある層状構造をもつ。

イルメナイト型構造では，Xは六方最密充填構造をとり，A, Bはその八面体サイトの2/3に分配して入る。コランダム型構造のAがA, Bの2つに分配されたものとみなすことができる。

Li電池用材料の$LiCoO_2$では，岩塩型構造をとるXの八面体サイトに対してc軸方向にAとBが交互に入り，AとBは層状構造となっている（第5章図5.13参照）。

このような複合酸化物では，配位多面体が空間的に連結した構造を考えることで，さらに複雑な結晶構造を推察することができる。配位数は代表的には4, 6, 8であるが，線状構造では2，平面構造では3，変形した場合では9以上の配位数を考えることもできる。このような配位数をもつ多面体の規則的な配列が空間を占めることで，線状や層状などの構造となり，新たな性質が生みだされることがある。原子，イオンの配置は，物理的・化学的な性質を理解するための重要な因子である。

なお，イオン結晶の性質については，陰陽イオン間の静電引力（イオン結合）だけではすべてを説明できないこともある。しかし，イオン間の空間的な配置を相互の充填構造から理解しておくと役に立つ。実際に多くの鉱物や無機結晶はこのような構造で整理されており，結晶構造の特徴や新しい無機材料を考えるときの出発点にもなっている。

2.1.5 ◇ ケイ酸塩の構造

実用的な材料の中には，最密充填構造やそれを誘導したような構造ではなく，特定の骨格構造が連なって結晶となっているものもある。その代表例は鉱物のケイ酸塩類である。シリカ（SiO_2）は，Siに4つのOが配位したSiO_4単位が連なった構造である。かんらん石（$MgSiO_4$）は，O^{2-}が六方最密充填構造をとり，四面体サイトの1/8をSi^{4+}が，八面体サイトの1/2をMg^{2+}が占める構造であるが，一方で，SiO_4単位とMgO_6単位が相互に充填した構造とみることもできる。SiO_4^{4-}に第1族，第2族元素の金属イオンが結合した一連の化合物は，大きい陰イオン単位SiO_4^{4-}と陽イオンがつくる特徴ある構造となる。

図2.11にSiO_4単位が連なってできる陰イオン構造を示す。孤立した構造から順に連結していくことで多価イオンとなる。これらは鎖状，帯状，面状などの構造をつくり，陽イオンは静電的に結合してその特徴を保った層状構造などをつくる。

SiO_4^{4-}単位の一部がAlO_4^{5-}に置き換わると，負電荷をもつ部分が生じ，さらに多くの金属イオンが結合することができる。さらにOH^-イオン

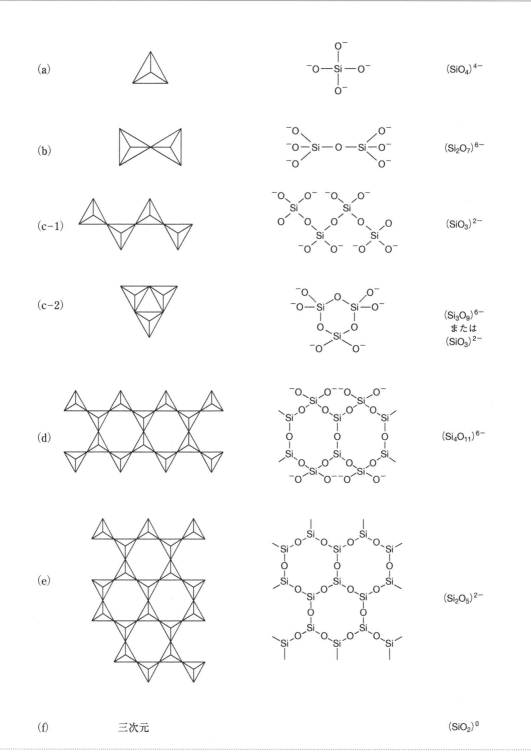

(a)		$-O-\overset{O^-}{\underset{O^-}{Si}}-O^-$	$(SiO_4)^{4-}$
(b)		$\overset{-O}{\underset{-O}{}}Si-O-Si\overset{O^-}{\underset{O^-}{}}$	$(Si_2O_7)^{6-}$
(c-1)			$(SiO_3)^{2-}$
(c-2)			$(Si_3O_9)^{6-}$ または $(SiO_3)^{2-}$
(d)			$(Si_4O_{11})^{6-}$
(e)			$(Si_2O_5)^{2-}$
(f)	三次元		$(SiO_2)^0$

図2.11 ケイ酸塩(陰イオン単位)の構造

を含んだ化合物が粘土などの天然の鉱物に多くみられる。モンモリロナイト($(Na,Ca)_{0.33}(Al,Mg)_2Si_4O_{10}(OH)_2 \cdot nH_2O$)は,$SiO_4^{4-}$からなる四面体が連なったシートと,$AlO_4^{5-}$の$O^{2-}$が$OH^-$に置換された八面体のシートからなり,吸着材などに用いられる粘土鉱物である。シート間には

Na^+, Ca^{2+}, K^+, Mg^{2+}などが配位し，シート間を静電的に結合している。陶磁器原料のもとになるカオリン（カオリナイト，$Al_2Si_2O_5(OH)_4$）は金属の陽イオンを含まず，SiO_4–$AlO_2(OH)_2$が層状になる。ゼオライト（一般式$M_{n+x}n[(AlO_2)_x(SiO_2)_{2-x}]\cdot mH_2O$）は，$SiO_4$と$AlO_4$の四面体が空間的な規則性のある三次元構造をつくった構造である（第5章図5.28参照）。このような層状構造やゼオライト類似構造は，Si, Al以外の金属元素のM–Oを骨格とした結晶[2]についても研究されている。

2　Mo, W, Nb, Taは多核のポリ酸イオンをつくり，SiやPとも複合したヘテロポリ酸となる。

2.2 ◆ 結晶構造の物理的理解

2.2.1 ◇ 結晶格子の記述

A. 結晶系

　結晶構造は，三次元空間で定義される単位格子によって記述される。前節で述べた粒子の充填では，粒子は直交したx, y, z軸に沿って配置され，対称性のある単純な配置をとることを前提とした。しかし，実際の結晶では，直交していない3つの軸に沿って配置されることもある。そのため単位格子は**図2.12**のように，直交していない長さa, b, cをもつ3つの辺（軸長），および，各辺がなす角α（bとc），β（cとa），γ（aとb）を用いて表現される。さらに，陰イオンがつくる充填構造（単位格子）内の陽イオンの位置も考え，含まれる粒子の数が最小となるように単位格子を考える。

| 表2.4 | **結晶系とブラベー格子**

結晶系	軸長と挟角	ブラベー格子
立方晶 (cubic)	3軸が等しく，すべて垂直 $a=b=c, \alpha=\beta=\gamma=90°$	単純 体心 面心
正方晶 (tetragonal)	2軸が等しく，すべて垂直 $a=b\neq c, \alpha=\beta=\gamma=90°$	単純 体心
直方晶 (orthorhombic)	3軸がすべて異なり，すべて垂直 $a\neq b\neq c, \alpha=\beta=\gamma=90°$	単純 体心 面心 底心
六方晶 (hexaonal)	2軸が等しく，挟角は120°，第3軸は垂直 $a=b\neq c, \alpha=\beta=90°, \gamma=120°$	単純
単斜晶 (monoclinic)	3軸がすべて異なり，1軸だけ垂直でない $a\neq b\neq c, \alpha=\gamma=90°\neq\beta$	単純 底心
三方晶 (trigonal)	3軸が等しく，すべて垂直でない等しい挟角 $a=b=c, \alpha=\beta=\gamma\neq90°$	単純
三斜晶 (triclinic)	3軸がすべて異なり，すべて垂直でない異なった挟角 $a\neq b\neq c, \alpha\neq\beta\neq\gamma\neq90°$	単純

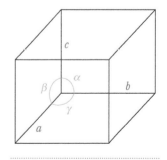

| 図2.12 | **単位格子のパラメータ**

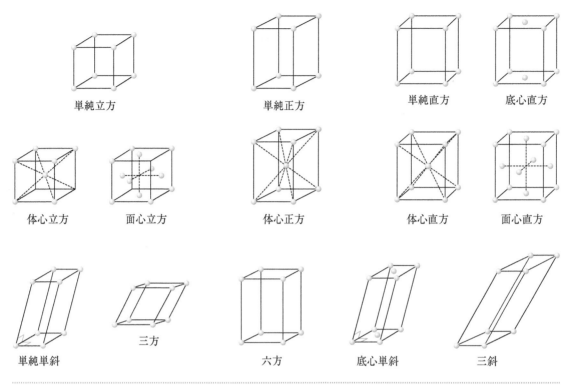

単純立方　　　　　　　単純正方　　　　　　単純直方　　　底心直方

体心立方　　面心立方　　　　　体心正方　　　　　　体心直方　　　面心直方

単純単斜　　　三方　　　　　　　六方　　　底心単斜　　　三斜

|図2.13|ブラベー格子

3 直方晶はかつて斜方晶とよばれていたが，近年は直方晶とよぶことが推奨されている。

4 三方晶は菱面体晶(rhombohedral)ともよぶ。

単位格子の型には**表2.4**に示すように，立方晶(cubic)，正方晶(tetragonal)，直方晶(orthorhombic)[3]，六方晶(hexagonal)，単斜晶(monoclinic)，三方晶(trigonal)[4]，三斜晶(triclinic)の7種類がある。**図2.12**の軸長と角度の分類によって決まり，これらは**結晶系**(crystal system)とよばれる。

次に，単位格子内での原子の置き方によって，単純格子(P)，体心格子(I)，面心格子(F)，底心格子(C)の4種類がある。7種類の晶系と4種類の原子の置き方の組み合わせによって，すべての格子の型は14種類の**ブラベー格子**(Bravais lattice，**図2.13**)に集約され，結晶構造が記述される。

B. 結晶面

三次元の結晶構造の中には，特定の粒子が並ぶ特定の面がある。結晶のある面が，単位格子のa軸，b軸，c軸を，辺の長さa, b, cのそれぞれ$1/x, 1/y, 1/z$の位置で交わるとき，その面を**ミラー指数**(Miller index)が(xyz)の結晶面あるいは(xyz)面という。x, y, zが負の値のときは，数字の上にバーを付けて表す。abc座標上で，各軸と交わる座標の点を結ぶように面を描くと(xyz)面が図示される。**図2.14**はそれらの例である。また，abc座標上の座標(U, V, W)へ原点から向けた方向ベクトルのことを結晶方位といい，平行なすべてのベクトルを含む。座標(U, V, W)を角

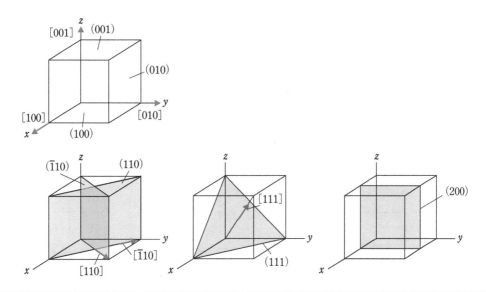

| 図 2.14 | 結晶面とミラー指数

カッコで括って[*UVW*]と表したものを**方位指数**(index of direction)とよぶ。

　結晶面の間隔(面間隔)*d*と格子定数*a, b, c*，ミラー指数(*hkl*)の関係は幾何学的な誘導から次のように表される。

$$\frac{1}{d^2} = \frac{h^2}{a^2} + \frac{k^2}{b^2} + \frac{l^2}{c^2}$$ (2.1)

C. 空間群

　結晶構造の対称性を記述するのに用いられる群を空間群(space group)とよぶ。結晶学では，結晶構造の空間群を記載するのに，ヘルマン・モーガン記号(Hermann-Mauguin symbols)を用いる。

　ヘルマン・モーガン記号では，空間群は32結晶点群に分類され，例えば，岩塩型構造はFm3mと表される。最初にあるFはブラベー格子の種類を示しており，Pは単純格子，Iは体心格子，Fは面心格子，Cは底心格子(側面を含む；A，Bもある)，Rは三方格子である。数字や小文字で示された文字は対称要素を示しており，主軸回り，主軸以外回りとさらに別の軸回りの順に記載される。回転軸は1, 2, 3, 4, 6のいずれか，回反軸は1, 2, 3, 4, 6の数字の上にバーを付けて示し，らせん軸は2回で2_1など，$X_y(X=2, 3, 4, 6, Y=X-1)$で表す。鏡映面はm，軸映進面はa, b, c，対角映進面はn，ダイヤモンド映進面はdで表される。いくつかの対称要素を**図2.15**に示した。岩塩型構造のFm3mは，Fは面心格子であることを，mは主軸[100]軸に垂直な鏡映面，3は3回回転軸([111]軸)，最後のmは別の軸[110]に垂直な鏡映面をもつことを示している。

　単位格子の対称軸や対称面は単位格子内に置かれた粒子の位置によって決まるので，結晶構造を規定できる。空間群は，分子でよく用いられ

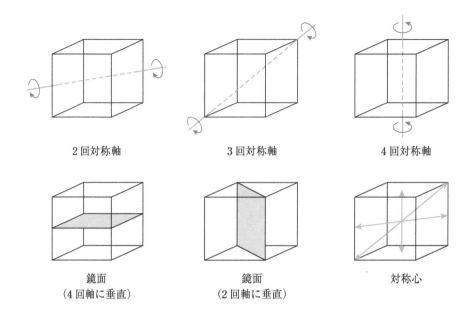

2回対称軸　　　　　　3回対称軸　　　　　　4回対称軸

鏡面
(4回軸に垂直)　　　　　　鏡面
(2回軸に垂直)　　　　　　対称心

| 図2.15 | 対称要素

るシェーンフリース記号(Schoenflies notation)によっても表現される。

　結晶の化学式とともに空間群の記号を示せば，結晶構造の違いを明確に示した表現になる。例えば，化学式が同じZnSでも，立方晶のセン亜鉛鉱はF$\bar{4}$3mで，六方晶のウルツ鉱はC6mcである。結晶構造が違うとしばしば異なる性質が導かれるが，対象としている無機物質(結晶)の組成と構造を簡潔に表現できる。

2.2.2◇結晶構造の実験的測定

　結晶に電磁波(X線，電子線，中性子線)を照射することによって結晶の構造を調べることができる。X線を用いて結晶構造の研究を行う分野はX線結晶学とよばれ，DNAの構造決定など，多くの物質の構造決定が行われてきた。

　小さな結晶が集合した粉末や多結晶体では，結晶構造の基本情報を粉末X線回折法によって知ることができる。無機材料の研究では，単結晶を作製するよりも，まず多結晶の状態で目的とする組成の生成物を確認する場合のほうが多いため，粉末X線回折法が広く利用されている。粉末X線回折法では，材料または粉末を成形して平板面をつくり，その面に対して特定の波長をもつ平行X線を照射し，その散乱強度をX線の入射角θを変えながら測定する。

　波長と方向のそろった波が回折格子に当たると，回折を受けた波は三次元的なパターンをつくるのと同様に，結晶に波が当たると回折現象によってパターンが形成される。そのパターンの幾何学的構造から，結晶の単位格子に関する情報が得られる。

　図2.16をもとに，波長λのX線が回折角θで二次元の結晶に入射する

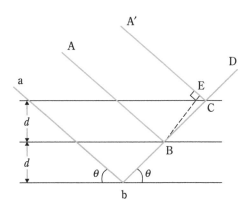

|図2.16|回折条件の幾何学的関係

場合を考える。X線が，図の一番下の面で反射されると，a–b–Dのような経路をたどる。別の結晶面で反射されると，A–B–D, A′–C–Dのような経路をたどる。反射されたX線が強い強度で観測されるのは，すべての反射X線の位相が一致しているとき，すなわち，経路長の差が波長の整数倍（$n\lambda$，nは整数）になるときである。A–B–DとA′–C–Dの経路長の差である線分$\overline{BC}$と$\overline{EC}$の差が$n\lambda$に等しい条件は，面間隔をdとして，

$$
\begin{aligned}
n\lambda &= \overline{BC} - \overline{EC} \\
&= d / \sin\theta - d\cos 2\theta / \sin\theta \\
&= (1 - \cos 2\theta) / \sin\theta \\
&= 2d\sin\theta
\end{aligned}
\tag{2.2}
$$

のときである。ここでは，$d = \overline{BC}\sin\theta$, $\overline{EC} = \overline{BC}\cos 2\theta(\cos 2\theta = 1 - 2\sin^2\theta)$であることを利用した。

　以上から，平行な面に対してある角度で入射した平行なX線の反射X線が強い強度で観測されるのは

$$
2d\sin\theta = n\lambda
\tag{2.3}
$$

を満たすときである。これを**ブラッグの法則**（Bragg law）という。

　縦軸に回折強度，横軸に2θをとると，多結晶材料では，結晶構造に固有な一群の回折線（回折図形）を与える。2θの位置はブラッグの法則から各結晶面の面間隔に対応している。また，回折強度は，位相が一致した条件での原子散乱因子と構造因子によって決まり，組成と構造に特有のものとなる。

　現在では，面間隔（または回折角），回折強度，結晶面（xyz）を，表や図としてまとめたデータベース（ICDD（JCPDS）カード）があり，これを利用すれば，対象としている材料，固体物質の結晶相が特定される。化学組成がわかっていればその物質の同定にも使うことができるので，混合物の割合を調べることもできる。さらには，特定物質の回折強度の精密測定によって，結晶構造の情報をより詳しく調べることもできる。例

青色発光ダイオード

　青色発光ダイオード（LED）となるウルツ鉱型構造のGaNの薄膜結晶は，AINの単結晶上で容易に成長させることができる。これはGaNとAINの結晶構造の類似性によるものである。結晶構造の類似性を利用して目的とする結晶薄膜を形成させる際に他の結晶を基板として用いることは，デバイスの作製においてしばしば行われる。薄膜結晶作製技術をもとにした青色発光ダイオードを開発・発明に対して，赤崎 勇，天野 浩，中村修二の三氏が2014年のノーベル物理学賞を受賞した。

えば，リートベルト法は，X線回折が原子のまわりの電子の散乱であることをもとに結晶構造（単位格子内の原子位置）を決める手法であり，単結晶が得られにくい材料の構造の特定にも利用されている。

2.2.3◇格子エンタルピーとボルン・ハーバーサイクル

A. 格子エンタルピー

　イオン結合からなる固体がつくられるとき，陰陽イオン対の集合体よりもそれらが空間に規則的に並んだ結晶を形成するほうが安定である。結晶を安定にしているエネルギーに相当するのが格子エンタルピー（格子エネルギー）ΔH_L である。格子エンタルピーは，結晶格子から気体状態のイオンを生成するときのエンタルピー変化である。結晶の破壊は外部からのエネルギー供給を必要とする吸熱反応である[5]。

　陰陽イオン間には，静電相互作用（引力・斥力）がはたらき，その強さはイオン間距離の関数として表される。**図2.17** のように，イオンが離

5　この ΔH_L は負となるが，格子エンタルピーの値にはマイナスを付けずに，正の値で示す。

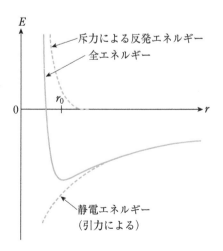

|図**2.17**|**陰陽イオン間の相互作用**

れているときは静電引力がはたらき，過剰に接近しているときは斥力が
はたらく。イオン間の引力は，最近接となる場合にもっとも強くはたら
く。最近接の位置から始めて空間全体にわたって陽−陽，陽−陰，陰−
陰イオン間のすべての静電相互作用を合計（積分）していくと，イオン性
固体の格子エンタルピーが計算できる。イオン間の静電相互作用を最近
接の位置から無限遠まで合計していく方法はエバルトの方法（Ewald
method）とよばれる。イオンの幾何学的配置がイオン結晶の安定性を決
める重要な要因であり，このようにして見積もられる格子エンタルピー
は**マーデルングエネルギー**（Madelung energy）とよばれる。

　イオンの間にはたらく全相互作用は，次の**ボルン・マイヤーの式**
（Born-Mayer equation）で近似される。

$$\Delta H_{\mathrm{L}} = \frac{N_{\mathrm{A}} e^2 |z_1 z_2|}{4\pi\varepsilon_0 d}\left(1 - \frac{\rho}{d}\right) A \tag{2.4}$$

ここで，Aはマーデルング定数，dは陰陽イオン間距離（格子間隔），z_1，
z_2はイオンの電荷，N_{A}はアボガドロ数，ε_0は真空の誘電率である。ρは
定数で典型的な値は0.035 nmである。マーデルング定数Aは，イオン
が空間に並んでいるときにはたらく静電引力，すなわち正味のクーロン
相互作用の強さに格子の幾何学的性質の影響を反映させた定数である。

　$\rho \ll d$と近似すると，マーデルングエネルギーUは次のように表される。

$$U = \frac{N_{\mathrm{A}} e^2 z_1 z_2}{4\pi\varepsilon_0 d} A \tag{2.5}$$

この式から，単独の陰陽イオン対がN_{A}個集合したときのエネルギーに
比べて，結晶のエネルギーは，A倍大きくなることがわかる。AX型化
合物で比較すると，岩塩型構造のマーデルング定数は1.747558，塩化セ
シウム型構造では1.762670，セン亜鉛鉱型構造では1.63806，ウルツ鉱
型構造では1.6413である。

　格子エンタルピーは，結晶の格子間隔が大きいほど小さくなり，イオ
ンの電荷が大きいほど大きくなる。同じ陽イオンLi^+をもつLiFからLiI
までの比較では，ハロゲン化物イオンの半径が大きくなるほど，格子エ
ンタルピーが減少する傾向がある。また，同じ陰イオンF^-をもつLiFか
らCsFまでの比較では，アルカリ金属イオンの半径が大きくなるほど格
子エンタルピーが減少する傾向がある。ともに岩塩型構造であるMgO
とNaClのマーデルング定数は等しく，両者の格子間隔は同程度である
が，MgOはイオンが2価であるので，その格子エンタルピーはNaClの
約4倍になる。なお，マーデルング定数は，一般に配位数とともに増加
するので，イオン半径からは不安定となることが予想される構造でも，
高い配位数をとって安定化することがある。

B. ボルン・ハーバーサイクル

　格子エンタルピーを実験的に求めるには熱化学の原理を用いる。結晶

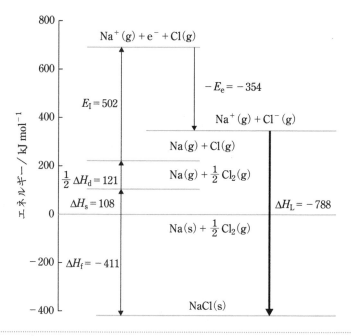

|図**2.18**| **ボルン・ハーバーサイクル（NaClの例）**

格子の生成を一過程として含み，いくつかの反応式を組み合わせて全過程を一巡して最初の状態に戻るように組み合せたサイクルのことを**ボルン・ハーバーサイクル**（Born-Haber cycle）とよぶ。化合物AX（例えば，Aはアルカリ金属，Xはハロゲン）の格子エンタルピーΔH_{L}（正にとる）は，いくつかの反応のエンタルピー変化を組み合わせることで，次の関係式で表される。

$$\Delta H_{\mathrm{L}} = \Delta H_{\mathrm{s}} + \frac{1}{2}\Delta H_{\mathrm{d}} + E_{\mathrm{I}} - E_{\mathrm{e}} - \Delta H_{\mathrm{f}} \qquad (2.6)$$

ここで，sは固体，gは気体を表し，ΔH_{f}はA(s)とX$_2$(g)からのAXの標準生成エンタルピー，ΔH_{s}はA(s)の標準原子化（昇華）エンタルピー，ΔH_{d}はX$_2$(g)の解離エネルギー，E_{I}はA(g)のイオン化エネルギー，E_{e}はX(g)の電子親和力（正の値）である。

化合物AXの標準生成エンタルピーは，標準状態（与えられた条件でもっとも安定な状態）の成分A＋(1/2)X$_2$に分解する反応のエンタルピー変化の符号を逆にしたものに等しい。固体単体Aが気体になるエンタルピー変化は，標準原子化エネルギー（標準昇華エネルギー）とよばれる。単体の気体X$_2$の場合，原子化した原子気体へのエンタルピー変化は標準解離エネルギーに等しい。中性原子からイオンを生成する際の標準エンタルピーは，陽イオンの場合はイオン化エネルギーであり，陰イオンの場合は電子親和力である。これらの変化のようすは**図2.18**に示すようなサイクルとして表すことができる。

2.2.4◇結晶場理論

　電子の分布（確率密度）は軌道の種類によって異なり，s軌道は球形であるが，p, d軌道は特有の分布をもっている。とくにd軌道の分布は，x, y, z軸に対する依存性が強く，方向性を無視できないため，結合の方向がイオン間の静電的な相互作用に影響を与える。d軌道をもつ金属イオンを含む結晶は，イオン結合からなる結晶であっても，その構造はd軌道の影響を受ける。d電子をもった金属イオンを含む結晶であらわれる特徴を説明するために用いられるのが**結晶場理論**（crystal field theory）である。

　結晶場理論では，中心の金属イオンに周囲の陰イオンが接近したときの，陰イオンの電子とd軌道の反発を考える。d軌道がその置かれたサイトによって分裂すると考えることによって，結晶構造のわずかな変化や光学スペクトル，力学的性質，磁気的性質などが説明される。

　図2.19に示すように，6つの陰イオンX^-で囲まれた遷移金属イオンM^+について，その最小構造単位である八面体内でのd軌道の電子の空間分布とX^-の接近方向の関係を考える。遷移金属には5つのd軌道（d_{xy}, d_{yz}, d_{zx}, $d_{x^2-y^2}$, d_{z^2}の軌道，第1章図1.3参照）があり，電子の分布は，d_{xy}, d_{yz}, d_{zx}軌道ではx, y, z軸を外した4つ葉のクローバー型，$d_{x^2-y^2}$軌道ではx, y軸に沿った4つ葉のクローバー型，またd_{z^2}軌道ではz軸に沿ったふたこぶ型である。中心の金属イオンM^+に対してxおよびy軸上にあるX^-の4つが接近すると，金属の$d_{x^2-y^2}$軌道に重なってくる。一方，d_{xy}, d_{yz}, d_{zx}軌道はそれに比べて重なりを避けるような配置となっている。また，中心イオンM^+へz軸にある2つのX^-が接近すると，d_{z^2}軌道に重なるようになる。したがって，このような八面体構造（6配位）では，$d_{x^2-y^2}$とd_{z^2}（図2.19のe_g）軌道はX^-の接近により不安定化し，高いエネルギー状態になる。これに対して，d_{xy}, d_{yz}, d_{zx}軌道（**図2.19**のt_{2g}）は低いエネルギー状態になる[6]。

6　e_gおよびt_{2g}は点群の既約表現であり，分子の対称性を表す記号である。詳細については，群論の教科書を参照されたい。

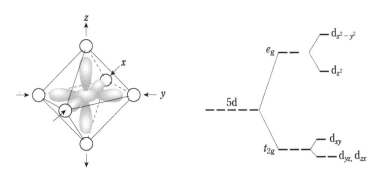

正八面体の歪み
（z方向に伸び，x-y方向に縮む）

| **図2.19** | **X^-の接近による八面体の歪みとd軌道の分裂**

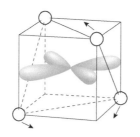
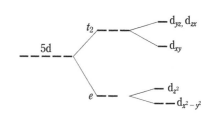

正四面体の歪み
（z方向に伸び，上下の辺が縮む）

正四面体の d 準位分裂

|図2.20| **X⁻ の接近による四面体の歪みとd軌道の分裂**

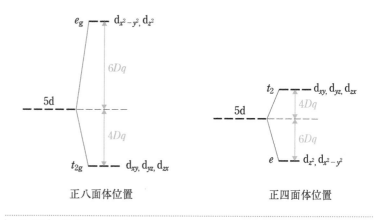

正八面体位置

正四面体位置

|図2.21| **d軌道の分裂と結晶場安定化エネルギー（Δ = 10 *Dq*）**

　図2.20に示す四面体（4配位）構造についてd電子の軌道の分布とX⁻の接近方向を考えると，xおよびy軸方向からは，4つのX⁻がd_{xy}, d_{yz}, d_{zx}軌道に接近するため，d_{xy}, d_{yz}, d_{zx}軌道（t_{2g}）が不安定化し，高いエネルギー状態となる。$d_{x^2-y^2}$とd_{z^2}軌道（e_g）は低いエネルギー状態となり，八面体の場合とは逆になる。

　中心金属の縮退した5つのd軌道は，このような結晶場によって2つのエネルギー状態に分裂する。八面体構造ではd_{xy}, d_{yz}, d_{zx}（t_g）軌道が低いエネルギーに，$d_{x^2-y^2}$, d_{z^2}（e_g）軌道が高いエネルギーになる。逆に，四面体構造ではd_{xy}, d_{yz}, d_{zx}（t_g）軌道が高いエネルギーに，$d_{x^2-y^2}$, d_{z^2}（e_g）軌道が低いエネルギーになるが，分裂の幅は八面体構造に比べて小さい。エネルギーの差は結晶場によるd軌道の分裂に関するパラメータから求めた結晶場安定化エネルギーΔで表される。**図2.21**はそのようすを模式的に示しており，Δは10個のうち分裂したd電子の電荷割合で分配される。

　八面体構造でさらにd_{z^2}軌道との重なりが大きくなると，これを避けるようにM–X間距離がz軸方向に伸びて（**図2.19**），立方対称から正方対称に変化する。このように，d軌道の分裂がおこるとともに不安定化

を避けるように構造が歪む現象は多くの結晶でみられ，**ヤーン・テラー効果**(Jahn–Teller effect)とよばれる。構造の歪みは，d電子の異方性のために結晶内部でも局所的に生じ，結晶の対称性に変化をもたらす一因となっている。正方対称となった6配位の金属イオンでは，d_{yz}, d_{zx}, d_{xy}, d_{z^2}, $d_{x^2-y^2}$軌道の順でエネルギーが高くなるように分裂したd軌道が形成される。四面体構造でも同様に，歪みは小さいが**図2.20**の矢印のような歪みを生じる。

　分裂によって生じた準位は，金属の種類，すなわち金属イオンの電子の数，金属イオンの半径，および金属イオンを囲うX⁻の数，さらにはイオン間距離や結晶構造などに依存して複雑になる。物質に光を照射すると電子が光エネルギーを吸収し，低エネルギーから高エネルギーの状態へ遷移する。吸収する光の波長は，その遷移のエネルギー準位の差に等しいので，この現象を利用して，d軌道のエネルギー分裂を調べることができる。また，特定のdブロック元素の金属イオンでは，Δが電子のスピン状態に影響し，特有の磁性を示すようになる。

2.3 ◆ 点欠陥，転位，ガラス

2.3.1 ◇ 点欠陥

　実際の結晶は完全な単結晶ではなく，格子点に原子がない**点欠陥**(point defect)あるいは**空孔**(vacancy)などの**格子欠陥**(lattice defect)が存在する。また，格子点以外に位置する**格子間原子**(interstitial atom)も存在する。さらに，不純物として共存する他の元素の原子や陽イオンが格子点を占めたり，格子間に存在する場合もある。さらに，これらの不純物は欠陥やイオンと相互作用して結晶中に存在する。

　陽イオンまたは陰イオンが格子点から出て，格子間位置を占有したものを**フレンケル欠陥**(Frenkel defect)という。また，陽イオンと陰イオンが対となって両方の空孔を形成したものを**ショットキー欠陥**(Schottky defect)という(**図2.22**)。

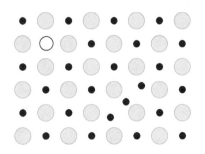

フレンケル欠陥

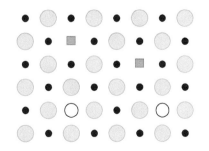

ショットキー欠陥

◯ : 陰イオン
● : 陽イオン
■ : 陰イオン欠陥
○ : 陽イオン欠陥

| **図2.22** | **フレンケル欠陥とショットキー欠陥**

| 表2.5 | 非化学量論性の金属酸化物 |

点欠陥の種類	金属酸化物の例
陽イオン不足型(空孔)	CoO, FeO, NiO, Cu_2O
陽イオン過剰型(格子間)	ZnO, Cr_2O_3, CdO
陰イオン不足型(空孔)	ZrO_2
陰イオン過剰型(格子間)	UO_2

　化合物の組成が元素の整数比で表される組成であることを**化学量論組成**(stoichiometric composition)という。点欠陥をもつ化合物では，組成は整数比からわずかにずれている。化学量論組成からずれて整数とならない化合物を，**非化学量論性化合物**または**不定比性化合物**(non-stoichiometric compound)という。**表2.5**はそれらの例である。

　遷移金属を含む化合物は，遷移金属が複数の酸化数をとるため，陰イオン欠陥が生じて非化学量論組成の状態をとりやすい。例えば，FeOにおいて，酸化数2の鉄イオンの一部が酸化数3に変化すると，$Fe_{1-\delta}O$という組成の化合物になる。このときの組成のずれは添え字δやxで表される。酸化数を考慮した組成は$Fe^{2+}_{1-2\delta}Fe^{3+}_{\delta}O^{2-}$であり，このような状態を**混合原子価状態**(mixed valancy)という。こうした例は多く知られる。陽イオンは陰イオンに比べて小さいため，結晶構造中の空孔や格子間位置へ移動しやすい。また，多くの結晶では酸素イオンの空孔もみられ，電子伝導性やイオン伝導性などの性質がもたらされる。このような非化学量論性は電子物性に大きな影響を及ぼすので，固体電解質や半導体ガスセンサーなどでは，その状態を理解することが必要になる。

　完全な結晶状態から欠陥が生成する変化は，それぞれの原子や空孔の状態によって，**クレーガー・ビンクの表現**(Kröger-Vink notation)で記述される。イオンMや空孔Vについて，その右上に欠陥生成による電荷の変化，右下にその格子点の位置を示す添え字を付けて表現する。電荷については，˙は正，′は負，×は中性を示す。2つあるとき，例えば″は−2である[7]。

　金属酸化物MOにおいて，ショットキー欠陥が生成する変化は，nullが電荷ゼロを意味し，

$$null \rightarrow V''_M + V^{\cdot\cdot}_O$$

のように表され，フレンケル欠陥(陽イオン)が生成する変化は

$$M^{\cdot\cdot}_M \rightarrow M''_i + V^{\cdot\cdot}_M$$

のように表される。欠陥は格子内でしばしば会合して対をつくる。例えば，ショットキー欠陥で欠陥が対になるときは$(V''_M V^{\cdot\cdot}_O)$のように表す。

　このような欠陥生成を含む化学平衡は，一般の化学反応に似た考え方で調べることができる。金属酸化物MOが，陽イオン不足型化合物とな

7　クレーガー・ビンクの表現の例をKClの場合について示す。

V'_K：K^+イオンの空孔で−1価の状態

$V^{\cdot}_{Cl}$：Cl^-イオンの空孔で+1価の状態

K_K：元のK^+イオン

$V^{\times}_{Cl}$：Cl^-イオンの空孔に電子が入り中性の状態

$K^{\cdot}_i$：K^+イオンが格子間にある+1価の状態

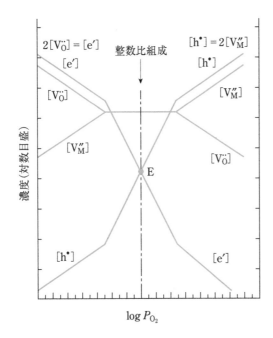

図2.23 **整数比組成金属酸化物がショットキー欠陥をつくるときの濃度と酸素分圧の関係の例**

る場合を考えよう。気体の酸素O_2が反応して酸素の格子位置にO^{2-}の状態で入り, 陽イオン欠陥と正孔(正電荷$h^{\bullet}$)を生成したとすると, この変化は次のように表される。

$$\frac{1}{2}O_2 \rightarrow O_O^{\times} + V_M^{''} + 2h^{\bullet}$$

これを反応と見て, 各成分の濃度を[ ]で示すと, 成分間の平衡定数Kは, 酸素分圧をP_{O_2}とすると, 次のように表される。

$$K = \frac{[V_M^{''}][O_O^{\times}][h^{\bullet}]^2}{P_{O_2}^{1/2}} \tag{2.7}$$

ここで, $2[V_M^{''}] = [h^{\bullet}]$で, また, $[O_O^{\times}] = 1$とみなせるから,

$$[h^{\bullet}] = 2[V_M^{''}] = \frac{(2K)^{1/3}}{P_{O_2}^{1/6}} \tag{2.8}$$

となる。すなわち, 正孔濃度, 陽イオン欠陥濃度は, 酸素分圧の1/6乗に比例する。

　正孔濃度, 陽イオン欠陥濃度はそれぞれ電気伝導測定, 熱重量測定から評価できる。欠陥濃度の分圧依存性を示す図をクレーガー・ビンク図といい, 酸素分圧が変わったときの電気伝導現象を考察する際に用いられる。**図2.23**は, ショットキー欠陥をつくる金属酸化物におけるそれぞれの濃度の変化を模式的に示しており, 領域によりP_{O_2}依存性が異なることがわかる。さらに, 酸化数変化が単純ではない複雑な欠陥生成反応では, その違いを反映してP_{O_2}依存性は違ってくる。

2.3.2◇転位と面欠陥

結晶内部には，点欠陥以外にも，原子やイオンの配列が乱れた格子欠陥である線欠陥（line defect），面欠陥（plane defect）がある。線欠陥は三次元空間で広範囲にあるいは無限に続いている欠陥であり，**転位**（dislocation）ともよばれる。面欠陥は，結晶中のある層全体が欠陥である場合である。

機械的な性質において重要な塑性変形は，微視的には線欠陥，すなわち転位の運動によって説明される。転位は，元の領域と転位が生じて変位した領域の差を表す変位のベクトル（バーガースベクトル，Burgers vector）を考えることで定量的に扱われる。

図2.24に示すように，格子間隔で並んでいる原子間に対して，途中まで刀が差し込まれたようになっており，その先には入っていない状態になっているものを刀状転位（edge dislocation）という。刀状転位は，転位線（dislocation line）の上下で横方向のせん断応力を受けて移動し，粒界まで動いて消えることにより結晶の変形に関与する。刀状転位は転位線の上下方向にも移動し，原子空孔の生成にも関与する。

図2.25に示すように，原子の配列の一部が矢印の方向にずれて，境界にある原子を中心にらせん状に原子が積み重なっている転位をらせん転位（screw dislocation）という。

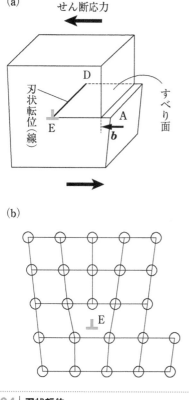

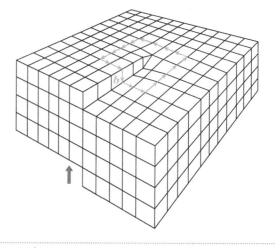

|図**2.24**|**刀状転位**
bはバーガースベクトルを表す。

|図**2.25**|**らせん転位**

　面全体が, 元の構造からずれているときには面状の欠陥が生じる。積層欠陥は, 原子の充填配列が途中で異なるか変動する場合で, 例えば六方晶格子のABABABの中にCがあらわれ, ABAB/CBCBとなるような欠陥である。欠陥ではないが, 2つの結晶が特定角度で合わさりその境界で原子やイオンを共有する場合は, 双晶境界(twin boundary)とよばれる。また, 特定角度をもたないで合わさった領域が結晶粒内に共存することがあり, ドメイン(domain)とよばれる。さらに, 結晶方向の違いが少ない状態で出会った2つの結晶粒界を小傾角粒界という。ずれの角度は数度以内で, 互いに規則的な関係にある。

2.3.3◇非晶質

　結晶のような規則性をもたない固体の構造を非晶質またはアモルファスとよぶ。非晶質構造の特徴は, 近距離にはある程度の規則性があるが, 長距離には秩序がみられないことである。非晶質構造の典型例としては石英ガラスがあげられる。石英ガラスにおいてSi-Oの四面体単位がつくる構造は, 結晶が乱れて連なった網目構造と見ることができる(図2.26)。非晶質構造は固体状態であるものの液体の構造を残した状態であるとされ, 結晶とは異なる物性が期待できる。

　非晶質材料は結晶に比べて準安定な状態であるので, その構造は作製プロセスに依存し, 過冷却状態または急冷状態として得られる。液体の急冷固化, 気相からの合成, さらには有機物を含む溶液からの作製(ゾルゲル法)など, 結晶の固体粉末から作製する無機材料とは異なる方法が適用される。真空中で生成させる電子伝導性化合物や気相から生成させるアモルファスシリコン, 多成分の金属酸化物アモルファス半導体などにおいては, 特徴的な物性がみられる。近距離結合がつくる局所的なバンド構造が形成され, 特有の電子物性が発現する。金属を急冷して生成させる金属ガラスでは, 特有の磁性があらわれる。

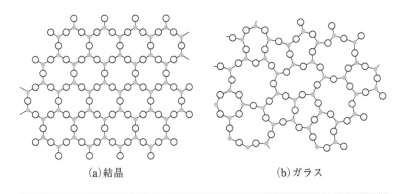

(a)結晶　　　　　　　　(b)ガラス

| 図2.26 | ケイ酸塩ガラスの構造モデル

第**3**章

無機材料の熱力学

3.1 ◆ 物質の状態と熱力学の基礎

3.1.1 ◇ 物質の状態

物質の状態には，気体(gas)，液体(liquid)，固体(solid)の三態がある。物質の状態を表すために**図3.1**に示す状態図が用いられる。全体にわたって組成が一様なものを**相**(phase)とよび，これらがそれぞれ気相，液相，固相の状態にある。単体の**状態図**(**相図**，phase diagram)は，圧力−温度の座標上で三態のうちのそれぞれが安定となる領域を記載したものである。状態の境界は，融解曲線，蒸気圧曲線，昇華圧曲線で示される。状態図にはこれらに加えて三重点と臨界点がある。

気体の状態方程式は，圧力(pressure)をP，絶対温度(absolute temperature)をT，気体の物質量をn，気体定数(gas constant)をRとして，次のように表される。

$$PV = nRT \tag{3.1}$$

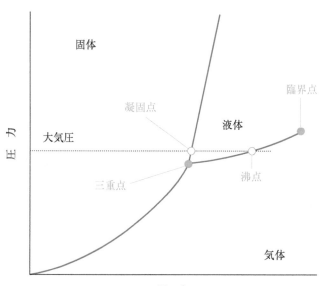

| **図3.1** | **状態図（一成分系）**

混合気体ではそれぞれの成分の圧力を**分圧**(partial pressure)という。それらの総計が混合気体の圧力である。

　液体では，粒子間距離が近くなり，粒子間には相互作用がはたらく。そのため，液体は一定の体積を示すが，流動して決まった形をとらない。液体を密閉容器に入れると，液体が気体になる変化と，気体が液体に戻る変化の速度が等しくなり，**平衡状態**(equilibrium)になる。これを**気液平衡**(vapor-liquid equlibrium)という。

　固体は，流動性がなく，一定の体積と形を示す。固体は温度を上げていくと，ある温度で融解して液体となり，液体は温度を上げていくと**沸点**(boiling point)で沸騰し，気体となる。固体から液体への変化を**融解**(melting)，その逆を**凝固**(freezing)という。また，液体から気体への変化を蒸発，その逆を凝縮，固体から気体への変化を**昇華**(sublimination)，その逆も昇華という。融解，凝固は，一定圧力下では一定の温度でおこり，それらの温度を**融点**(melting point)，**凝固点**(freezing point)という。融点および沸点は物質特有の値である。物質の三態の間の変化では，熱の出入りをともなう。

　物質の三態が共存して平衡状態にある温度と圧力を**三重点**(triple point)という。また，気液平衡がおこりうる上限の温度と圧力を**臨界点**(critical temperature)という。臨界点以下の温度にしない限り，気体はどれだけ圧縮しても液体にはならず，臨界点より高い圧力では，どれだけ加熱しても液体は気体にはならない。臨界点より温度と圧力が高い状態を臨界状態という。

　液体と固体は，例えば混合や溶解現象などについて，熱力学(thermodynamics)的に類似した形式で扱われることが多い。この2つの状態は**凝縮系物質**(condensed matter)とよばれる。凝縮系物質と気体の相境界は，その蒸気圧(vapor pressure)の温度変化を示している。液晶は，有機物の集合体からつくられる状態で，流動性はあるが，粒子には一定の配列がある。

　物質，とくに無機材料の熱力学による理解は，熱的安定性や化学的安定性，組織形成，反応性，電気化学的性質などを説明するために重要である。熱力学は，巨視的な系の状態と変化を記述する体系であり，とくに材料の安定性，構造，生成，および諸現象の量的な整理や最適化に有用である。以下では，無機材料の安定性，生成の観点からいくつかの代表的な熱力学的取り扱いについて説明することとする。

3.1.2◇熱力学の基礎

A. 状態量

　孤立した系を長く放置すると平衡状態になる。このとき，経路には依存せずに決まる物理量のことを**状態量**(state quantity)といい，熱力学的平衡状態を表す関数で定義できる。状態量を表す関数を**状態関数**(state function)または**熱力学関数**(thermodynamic function)といい，互いに独

立した変数による関数として示される。この独立変数を**状態変数**(state variables)または**熱力学変数**といい，状態関数を状態変数によって表す式を**状態方程式**(equation of state)という。

熱力学変数には**示量変数**(extensive variable)と**示強変数**(intensive variable)がある。示量変数は，その物質が本質的にもっている因子であり，対象の系を2倍に拡張すると2倍になるような相加性をもっている。示量変数の例としては，体積，質量，熱容量，物質量(モル数)，内部エネルギー，エンタルピー，エントロピー，自由エネルギーなどがある。示強変数は示量変数のような相加性をもたない因子である。示強変数の例としては，圧力，温度，化学ポテンシャル，モル分率，モル体積，密度，濃度などがあり，制御に用いる因子であるといえる。

材料の開発と制御という観点では，まず，有用な示量変数を見いだすことを目的として，目的とする性質をもつような化合物の化学組成や構造などの検討が行われる。基本となる化合物の主組成や構造が決まった後は，その化合物を実際に作製できるかどうかや最適な作製プロセスを検討し，さらには材料性能の最適化をめざして，示強変数を変えながら，化合物の組成や材料の性質を使用条件も加味しながら改良していくことになる。その際，熱力学では物質の状態が経路によらない関数で記述されるという点が重要である。状態関数で記述することにより，圧力 P，体積 V，物質量(モル数) n などの状態変数や物質の性質を示す密度などの諸物性値をもとにした，材料の生成や性質，製造プロセスに対する理解が深まり，さらには性能向上のための制御手法の原理を見いだすことができる。

B. 熱力学第一法則

無機材料の開発・製造においては，熱力学の第一法則と第二法則が重要である。熱力学第一法則はエネルギー保存則である。つまり，孤立した系ではエネルギーは生まれたり消滅したりすることはない。**内部エネルギー**(internal energy) U は示量性の状態変数であり，熱，仕事量や物質量などによって決まるが，系の内部エネルギーを直接測定することは実際にはできない。内部エネルギーの変化 ΔU[1] は，着目する系(物質や化合物，集団など)が外部から作用を受ける前と後での内部エネルギーの差である。エネルギーは外界から熱や仕事を受けてはじめて得られる。

物質量を一定として，外界との接触によって生じる熱 q と仕事 w を考えると，外界との接触前後の内部エネルギーの変化 ΔU は

$$\Delta U = q + w \qquad (3.2)$$

である。孤立した系では，$\Delta U = 0$ である。

仕事 w には，一定圧力下での気体の体積変化 $P\Delta V$ や，固体の応力による変形，電場による分極，磁場による磁化などがある。気体の反応を考

1 熱力学では，Δ は変化量を表す記号として用いられる。

えると, 体積変化がない容器(一定体積)の中で反応がおこったときには, 仕事 $w = 0$ $(-P\Delta V = 0)$ であるので, 熱エネルギーが吸収された分だけ内部エネルギーが増加する。

$$\Delta U = q \tag{3.3}$$

別の状態関数である**エンタルピー**(enthalpy) H は, 内部エネルギー U を用いて次のように定義される。

$$H = U + PV \tag{3.4}$$

エンタルピーは, 一定圧力 $(\Delta P = 0)$ 下で吸収される熱エネルギーに相当する。このことは次のように導かれる。

$$\begin{aligned} \Delta H &= \Delta U + P\Delta V + V\Delta P \\ &= (q - P\Delta V) + P\Delta V \\ &= q \end{aligned} \tag{3.5}$$

単体や化合物の相変化による潜熱(融解熱, 蒸発熱など), すなわち相変化のエンタルピー変化は, 発熱や吸熱として観測することができる。状態変化(相転移)や化学反応を熱の視点から研究する分野を熱化学あるいは化学熱力学といい, これにもとづいてエンタルピー変化 ΔH をともなう物質の変化を検討することができる。熱化学においては, 化学反応式などの後に, ΔH (実測値)を記載して表す。ボルン・ハーバーサイクル(第2章2.2.3項)はこのような反応と熱変化を, 格子エネルギーを求める一連の反応に応用したものである。

また, 化合物が標準状態でその単体から生成するときの反応のエンタルピー変化を標準生成エンタルピー ΔH_f といい, 物質の安定性の基準として用いられる。

C. 熱力学第二法則

熱力学第二法則では, 自発的におこる変化(自発過程)に関心がおかれ, 新しい状態関数として**エントロピー**(entropy) S が導入される。自発過程では, $\Delta S > 0$ である。

エントロピー変化 ΔS は, 温度 T および温度 T における熱の出入り q により, 次のように表される。

$$\Delta S = \frac{q}{T} \tag{3.6}$$

熱は, より熱い熱源に輸送されるとそれを仕事して利用できるが, 冷たい熱源に移動するとこれができなくなるというカルノーサイクルの考察から, クラウジウスによりこのような熱 q と温度 T の関係が導入された。エントロピー S はまた, エネルギーの散逸の指標で, 微視的には系の無秩序の程度を表す。

　一定圧力下で生じる熱の出入り，例えば昇華熱相当のエンタルピー変化 ΔH は，温度 T とエントロピー変化 ΔS を用いて次のように表される。

$$\Delta H = T\Delta S \qquad (3.7)$$

　ここで，着目している系とその外界についてそれぞれ考える。系のエンタルピー変化を ΔH_{system} とすると，外界のエンタルピー変化 $-\Delta H_{ext}$ との間に $\Delta H_{system} = -\Delta H_{ext}$ の関係がある。ΔH_{ext} は観測できる。外界のエントロピー変化 ΔS_{ext} は $\Delta S_{ext} = -\Delta H_{system}/T$ である。全体のエントロピー変化 ΔS_{total} は，系のエントロピー変化 ΔS_{system} と外界エントロピー変化 ΔS_{ext} の和になる。すなわち，

$$\begin{aligned}\Delta S_{total} &= \Delta S_{system} + \Delta S_{ext}\\ &= \Delta S_{system} - \Delta H_{system}/T\end{aligned} \qquad (3.8)$$

となる。ΔS_{total} は自発過程では正の値である。

　最終的に，もっとも有用な状態関数である**ギブズ自由エネルギー**（Gibbs free energy）G が，上式の両辺に T をかけた関数として，次のように導入される。

$$\Delta G = \Delta H - T\Delta S \qquad (3.9)$$

自発過程では，ΔG は負の値である。

　なお，熱力学第三法則は，$T=0$ では完全結晶について $S=0$ であるというものであり，これを基本として示されるエントロピーを第三法則エントロピー（ふつうは単にエントロピー）という。

3.1.3◇純物質の状態変化と熱力学関数

　物質のギブズ自由エネルギー G は，内部エネルギーを U，温度を T，体積を V，圧力を P として，次のように表される。

$$\begin{aligned}G &= H - TS\\ &= U - TS + PV\end{aligned} \qquad (3.10)$$

G は，H から系の乱雑さによって取り出すことのできないエネルギー項 TS を差し引いた正味のエネルギーを表す。

　なお，体積変化がない系では $\Delta H = \Delta U$ であり，次式で表される**ヘルムホルツ自由エネルギー**（Helmholtz free energy）A が状態関数となる。

$$A = U - TS \qquad (3.11)$$

　平衡状態は，ギブズ自由エネルギー G が変化しなくなった状態，すなわち

$$\Delta G = 0 \qquad (3.12)$$

となる状態である。

　また，平衡状態に達していない場合，すなわち自発的な変化を生じる

場合は

$$\Delta G < 0 \tag{3.13}$$

であり，$\Delta G = 0$ となるまで反応や変化が進行する。2つの状態の差を比較する場合，$\Delta G < 0$ の状態のほうがより安定な状態であると判定できる。

圧力一定で $G = H - TS$ の両辺を T で微分，あるいは温度一定で $G = U - TS + PV$ の両辺を P で微分すれば，それぞれ次式が得られる。

$$\left(\frac{\partial G}{\partial T}\right)_P = -S \tag{3.14}$$

$$\left(\frac{\partial G}{\partial P}\right)_T = V \tag{3.15}$$

材料の性質の観点からは，ギブズ自由エネルギーは，性質の温度依存性をエントロピー項に，圧力依存性を体積の項に担わせて表現している。

化学ポテンシャル(chemical potential)μ は，物質量（1モル）あたりのギブズ自由エネルギーである。n モルの物質のギブズ自由エネルギーを G とすると，

$$\mu = \frac{\mathrm{d}G}{\mathrm{d}n} \tag{3.16}$$

で定義される。理想気体に対しては化学平衡の考察から，

$$\mu = \mu_0 + RT \ln p \tag{3.17}$$

が成り立つ。p は分圧，μ_0 は標準化学ポテンシャルである。

3.1.4 ◇ 化学反応と熱力学

気体の場合，標準状態の圧力 P_0 から圧力 P まで変化するときのギブズ自由エネルギー変化 $\Delta G = G - G_0$ は，状態方程式 $PV = nRT$ に従うので，次のように表される。

$$\begin{aligned}
\Delta G = G - G_0 &= \int V \, \mathrm{d}P \\
&= nRT \int \frac{\mathrm{d}P}{P} = nRT \ln \frac{P}{P_0}
\end{aligned} \tag{3.18}$$

圧力 P_0 を基準として分圧 $p = P/P_0$ で表し，1モルあたりで換算すると化学ポテンシャルと同じ形の次式で表される。

$$G = G_0 + RT \ln p \tag{3.19}$$

気体間の化学反応では，反応に関係するそれぞれの成分についてのギブズ自由エネルギーを求め，成分間でのその差 ΔG を計算することで反応が生じるかどうかを判断できる。ΔG は標準状態における反応前後の自由エネルギー変化 ΔG_0 を用いて，次のように表される。

$$\Delta G = \Delta G_0 + RT \ln K \tag{3.20}$$

ここで，Kは**平衡定数**（equilibrium constant）で，それぞれの分圧pと反応式での係数により表される。例えば，反応$a\mathrm{A} + b\mathrm{B} \to c\mathrm{C} + d\mathrm{D}$については，

$$K = \frac{p_\mathrm{C}{}^c p_\mathrm{D}{}^d}{p_\mathrm{A}{}^a p_\mathrm{B}{}^b} \tag{3.21}$$

である。p_iは成分iの分圧を表す。

　平衡状態では$\Delta G = 0$であり，

$$\Delta G_0 = -RT \ln K \tag{3.22}$$

が成り立つ。この式を変形すると次式が得られる。

$$-\ln K = \frac{1}{R}\left(\frac{\Delta H_0}{T} - \Delta S_0\right) \tag{3.23}$$

これを**ファントホッフの式**（van't Hoff equation）といい，$\ln K$対$1/T$のプロットからΔS_0とΔH_0が求められる。

　酸化還元反応では，電荷の移動による電気的仕事が反応のギブズ自由エネルギー変化に等しい。反応の化学量論数（酸化数変化など）をn，電位差E，ファラデー定数をFとすると，ΔGは次のように表される。

$$\Delta G = -nFE \tag{3.24}$$

ファラデー定数Fは1モルあたりの電荷の大きさであり，電子の電荷（$1.602176634 \times 10^{-19}$ C）にアボガドロ数（$6.02214076 \times 10^{23}$ mol^{-1}）をかけた量（約9.6485×10^4 C/mol）である。

　この式と式(3.20)を組み合わせると，次式が得られる。

$$E = E_0 - \frac{RT}{nF} \ln K \tag{3.25}$$

ここで，E_0は標準電極電位（standard electrode potential）である。この式は**ネルンストの式**（Nernst equation）とよばれ，電気化学において重要な式である。

3.1.5◇物性値の熱力学パラメータによる表現

　融点は，融解のエンタルピー変化ΔH_mおよびエンタルピー変化ΔS_mにより，次のように表される。

$$T_\mathrm{m} = \frac{\Delta H_\mathrm{m}}{\Delta S_\mathrm{m}} \tag{3.26}$$

ΔH_mは結合を切断して固体から液体に変化するときのエンタルピー変化であり，結合の強さを反映して結合の強い結晶ほど大きくなる。金属ではΔS_mはほぼ一定の値をとるので，ΔH_mが大きい物質ほど融点が高くなる。

比熱(specific heat)は，物質量(1モル)あたりの1℃(1 K)の上昇に必要な熱量である。体積一定の場合の定容比熱C_Vは，1モルあたりの内部エネルギー変化ΔUと温度Tから次のように表される。

$$C_V = \frac{\Delta U}{\Delta T} \tag{3.27}$$

圧力一定の場合の定容比熱C_pは同様にエンタルピー変化ΔHから次のように表される。

$$C_p = \frac{\Delta H}{\Delta T} = \frac{\Delta S}{\Delta(1/T)} \tag{3.28}$$

C_pは大気圧のような一定圧力下での材料物性として実験的に測定できる。

圧力が等方的にかかるときの**圧縮率**(compression rate)κは次のように表される。

$$\kappa = \frac{1}{V}\left(\frac{\mathrm{d}V}{\mathrm{d}p}\right) \tag{3.29}$$

このほかに，弾性率などの物理的性質が熱力学関数に関係している。

3.2 ◆ 核生成の熱力学

気相から液相や固相の小さい粒が生成する現象を扱うのが，核生成の熱力学である。**核生成**(nucleation)は，材料の作製，組織やデバイス形態の制御などにおいて重要な現象である。ここでは，単体の相変化にともなう核生成現象について説明する。

核生成には，均一な相の状態から異種の相が生成する**均一核生成**(homogeneous nucleation)と，はじめからある相の上にそれと同じ相の核が生成する**不均一核生成**(heterogeneous nucleation)とがある。

均一核生成は，マクロな観点から簡単な熱力学モデルで説明される。気相内で球形の小さい液相(核)が生成する場合を考える。球形の液相の半径をr，半径rの球形の液相が生成する反応の自由エネルギー変化を$\Delta G(r)$，相変化(気相が圧力Pから液相との平衡状態の圧力P_0へ変化するとき)の自由エネルギー変化をΔG_Vとすると，核の体積Vと表面積Aを用いて，$\Delta G(r)$は次のように表される。

$$\begin{aligned}\Delta G(r) &= V\Delta G_V + A\gamma \\ &= \frac{4}{3}\pi r^3 \Delta G_V + 4\pi r^2 \gamma\end{aligned} \tag{3.30}$$

ここで，γは**表面自由エネルギー**(surface free enerugy)であり，表面が単位面積あたりにもつ相内部よりも過剰な自由エネルギーを表す。相境界では界面自由エネルギーが蓄積される。表面自由エネルギーは，表面張力(surface tension)とは定義が異なるが単位も値も同じで，直感的には，生成してきた球表面を外から抑え込んで小さくするように作用する

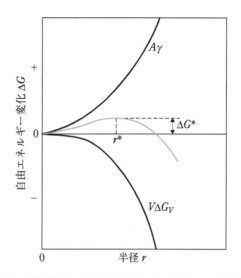

|図3.2|均一核生成の自由エネルギー変化

エネルギーに相当する。

図3.2は，半径rと$\Delta G(r)$の関係を図示したものである。界面自由エネルギー項$4\pi r^2\gamma$は常に正で，相変化のエネルギー項$(4/3)\pi r^3\Delta G_V$は常に負である。すなわち，$\Delta G_V < 0$で，平衡状態よりも蒸気圧や濃度が高い準安定状態を考えている。この状態を**過飽和状態**(supersaturated state)という。$\Delta G(r)$は，ある半径r^*で極大値ΔG^*となり，それ以上では小さくなり，ついには負($\Delta G < 0$)となって，液相が生成したほうが安定な状態を示す領域に至る。極大値ΔG^*のときの半径を臨界径r^*という。ΔG^*およびr^*は$\Delta G(r)$をrで微分することで，次のように得られる[2]。

$$r^* = -\frac{2\gamma}{\Delta G_V} \tag{3.31}$$

$$\Delta G^* = \frac{16\pi\gamma^3}{3\Delta G_V{}^2} \tag{3.32}$$

ここで，液相から気相へ戻る変化を考えてみる。界面(表面)は不安定な状態であり，界面自由エネルギーγは正の値をとる。界面自由エネルギーの源は相内部と相境界付近での原子や分子間の相互作用の違いであり，液相では原子・分子間の相互作用が強く，気相では原子・分子が離れて相互作用が小さいことによる。気相との界面は結合の破壊をともなって生じるため，界面エネルギーは凝縮系物質の結合エネルギーの大きさと相関する。固体では，臨界径は，共有結合性固体＜イオン性固体＜分子性固体の順に大きくなり，一般に1 nmを下回るような大きさの固体粒子は不安定である。

相変化の自由エネルギー変化ΔG_Vは，気相の圧力Pと平衡蒸気圧P_0を用いて，次のように表される。

[2] $\Delta G(r)$の極大，$\mathrm{d}(\Delta G)/\mathrm{d}r = 0$における$r$が$r^*$である。

$$\Delta G_V = -RT \ln \frac{P}{P_0} \tag{3.33}$$

この式から，$P > P_0$の条件で$\Delta G_V < 0$となる。P/P_0を過飽和比といい，P/P_0-1を過飽和度という。例えば，溶液においてはこれ以上溶質を溶かせない限界の状態が飽和状態であるが，何らかの手段により，それ以上の溶質を含んだ溶液を作製できた場合が過飽和状態に相当する。気相において，新たに別の化学種を導入してその濃度を増加させ，固相を生成させようとする場合もこのような状態である。

このような核生成現象は，圧力の代わりにΔG_Vを温度の関数として表しても同様な扱いができる。ΔG_Vは核生成前の温度をT_0，核生成後の温度をT，核生成前後のエントロピー変化をΔSとすると，次のように表される。

$$\Delta G_V = (T - T_0)\Delta S \tag{3.34}$$

物質自体の冷却による核生成では，T_0は融点（凝固点）や沸点である。液相の物質の温度を下げて，本来は固相が生成する温度にしてもまだ固体が生じない状態が**過冷却状態**（supercooled state）である。

さらに，蒸気圧Pの代わりに液媒内の溶質濃度を用いると，溶液相からの核生成を表現できる。固相内に別の析出物が生成する現象についても，固体（母相）内に溶けた析出相（precipitates）となる溶質の濃度をPに代わりに用いて析出現象を考察できる。結晶の固相では，その結晶方位によって弾性率が異なり，また体積変化をともなうため，母相との歪みから生じる弾性エネルギーとその異方性の影響を受けることを考慮しなければならない。ΔG^*に対して，歪み項を加えた考察により，形状の特異な析出現象も説明される[3]。

不均一核生成では，異種物質上あるいは生成する相と同じ表面上に核が生成する現象を扱う。この場合は，表面，気相，析出相の3相の界面エネルギーを考慮する。3つの界面自由エネルギーの関係は**図3.3**のように表される。図中のθを**接触角**（contact angle）とよぶ。$\Delta G(r)$は，θの関数$f(\theta)$を用いて，次のように表される。

$$\Delta G_{\text{hetero}} = f(\theta)\Delta G_{\text{homo}} \tag{3.35}$$

$$f(\theta) = \frac{1}{4}(2 + \cos\theta)(1 - \cos\theta)^2 \tag{3.36}$$

実際の反応においては，不均一核生成が均一核生成のあとに続いてすぐにおこることもあり，粒子生成や合成される粉末の組織制御の際には問題となる。

一方，表面を他の物質で被覆するような場合は，平面状に広がるような不均一核生成と成長が望ましい形態となる。界面エネルギーを究極ま

3　さらにこれを高度化したフェーズフィールド法とよばれる方法により，核生成と組織の関係までを扱うことができるようになっている。

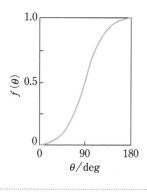 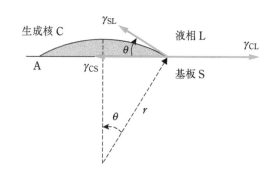

|図3.3| 不均一核生成

で小さくする，すなわち接触角θが非常に小さくすると表面上には膜が生成する。接触角θが非常に小さいことを，濡れが良い，という。

3.3 ◆ 金属－金属酸化物平衡：エリンガム図

　複数の物質を含む系の化学平衡は，混合状態における物質の安定性や変化，反応による物質の生成などを考える際の基本となる。無機材料についても，化学平衡の考察から，多成分を混合した系に対する温度や圧力の影響，さらには溶媒中の安定性などを知ることができる。

　ここでは単純な二成分系である金属－金属酸化物（酸素）系について扱う。金属－金属酸化物系は二成分系のなかでもっとも重要で，かつ産業上不可欠であり，金属材料を精錬する際の基本でもある。この単純な系についての化学平衡の考察を通じて，一般の化学平衡に関する理解を深めることができる。

　いくつかの酸化数をとる金属Mは，酸素O_2との反応によって複数種の金属酸化物を生成する。それぞれの酸化数の状態について，平衡反応がそれぞれ成り立つ。

$$2M + O_2 \rightarrow 2MO$$
$$M + O_2 \rightarrow MO_2$$
$$4M + 3O_2 \rightarrow 2M_2O_3$$

金属－金属酸化物系の安定性は，これらの反応の反応ギブズ自由エネルギーによって考えることができる。

　金属から金属酸化物への反応ギブズ自由エネルギーΔGを酸素分圧P_{O_2}に対してプロットした図を**エリンガム図**（Ellingham diagram）とよぶ（**図3.4**）。金属分野では，金属精錬の基礎として古くから用いられてきた[4]。エリンガム図は，反応についての熱力学関数を用いた簡単な記述により理解される。

4　酸素分圧を酸素ポテンシャル，エンタルピーを生成標準自由エネルギーとよんで，説明している金属分野の教科書もある。

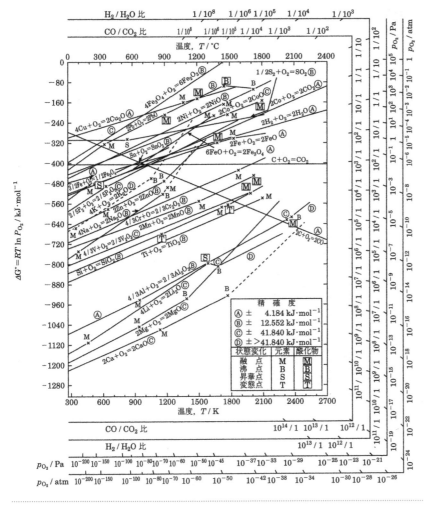

図3.4 | エリンガム図
[日本金属学会 編, 金属物理化学(金属入門化学シリーズ), 日本金属学会(1996), 図5.2を改変]

いま，次の反応とその化学平衡を考える。

$$M + O_2 \rightarrow MO_2$$

酸素分圧をp_{O_2}とすると，この反応の平衡定数Kは，金属Mおよび金属酸化物MO_2の活量(activity)a_Mおよびa_{MO_2}を用いて次のように表される。

$$K = \frac{a_{MO_2}}{a_M \cdot p_{O_2}} \qquad (3.37)$$

固体の活量は1であるので(純液体の活量も1である)，上の式は次のようになる。

$$K = \frac{1}{p_{O_2}} \qquad (3.38)$$

反応ギブズ自由エネルギー ΔG と平衡定数 K の間には次の関係がある。

$$\Delta G = -RT \ln K \quad (\Delta G < 0, \quad K < 1) \tag{3.39}$$

この式は，各成分の化学ポテンシャルを各成分の濃度によって表すことで導かれる。酸素分圧 p_{O_2} で表現すると，式(3.39)は次のようになる。

$$\Delta G = -RT \ln p_{O_2} \tag{3.40}$$

金属と金属酸化物のどちらが安定であるかは，ΔG を T あるいは p_{O_2} に対してプロットすることでわかる。このようにして示された図がエリンガム図である。なお，温度 T を変数にとったエリンガム図の切片と傾きは $\Delta G = \Delta H - T \Delta S$ の関係からそれぞれ ΔH と $-\Delta S$ を表す。

実際の実験において，p_{O_2} は2種類の混合気体を用いた CO–CO_2 や H_2–H_2O などの反応の平衡状態によって調整できるので，p_{O_2} の代わりにこれらの混合比 CO/CO_2，H_2/H_2O を変数にとって記載されている図もある。多くの金属についてデータが収集されており，エリンガム図から金属−金属酸化物系の安定性に関する情報を得ることができる。

エリンガム図を用いると，構成元素の酸化数が複数あり，圧力 P と温度 T の条件によって順次変化するような系も表現することができる。一定温度では，平衡状態は酸素分圧により支配される。鉄−酸化鉄の系では，Fe，FeO，Fe_3O_4，Fe_2O_3 の化学種が存在し，鉄とそれぞれの酸化

Column 3.1

金属と酸素

ある金属とその金属酸化物の間で含まれる元素の違いは酸素だけであるが，これらの物質としての性質は大きく異なり，材料としては金属とセラミックスというまったく別の物質群として扱われる。

例えば，鉄は，鉄鋼材料の基礎となる金属であり，炭素や他の金属の微量添加によって，力学的性質が調整されて多くの鋼材が作り分けられている。一方，酸化鉄は主に磁性材料と顔料に用途のあるセラミックスであり，鉄鋼材料がもっていた固溶，組織制御，転位の運動を基礎とした性質はあらわれない。金属を空気中で焼成するだけで酸化されて金属酸化物となり，逆に金属酸化物を還元すると金属に変化する。この操作が精錬であり，石器から青銅器，鉄器へと進化した文明の基礎となる化学現象である。

材料学では，金属とセラミックスを境として，材料の性質を理解するために必要な学問的基礎が変わる。金属の性質は周期表の元素間の固溶などの化学と組織形成が基礎となり，その上で固体物理が重要となるが，セラミックスの性質を理解するには，結晶構造，固体化学，そしてその作り方の知識がとくに必要である。周期表の化学で理解できるのは，無機材料の生成，安定性や元素の選択による化学的性質の探求までである。一方，固体化学の学問体系は有機化学でイメージされる化学の延長でなくなる。例えば，電気伝導性や材料の強度を説明するには，物理学が必要である。

無機材料の性質を理解し，物質を開発・製造して，その性質を制御するためには，化学も物理学も重要である。

鉄の間の反応について，ΔG–P–Tの関係がそれぞれある。$2CeO_2 \rightarrow Ce_2O_3 + O_2$のように，ある金属酸化物から酸化数が異なる金属酸化物へと変化するような場合，さらに，非化学量論性の金属酸化物についても同様に考えることができる。

　一般のエリンガム図は，主に1種類の金属元素からなる単純な酸化物の酸素分圧に対する依存性を表すためのものである。一方，無機材料の開発・製造においては，金属を複数含む複合金属酸化物や，酸化物以外の窒化物，酸窒化物，炭化物の生成について検討するために，反応ギブズ自由エネルギーの関係を組み合わせて，各化学種の分圧や濃度と温度の関係を示すことも重要になる。一連の反応の熱力学データから，そうした複雑な系の安定性を示すエリンガム図を作成することができる。詳細なエリンガム図を作成するための熱力学データベースが整備されており，物質の安定性，作製法や作製条件を検討するのにきわめて有用である。

3.4 ◆ 一成分系の相転移と状態図

　ある系について，平衡状態で共存できる相の数P，自由度F，成分の数Cの間には，次の関係がある。これをギブズの相律（Gibbs phase rule）という。

$$P + F = C - 2 \tag{3.41}$$

ここで，自由度Fは平衡状態にある相の数を変えずに独立に選ぶことのできる変数（温度，圧力，組成など）の数である。系を記述するために温度，圧力などの変数が必要かどうか，物質の組成が変化するのかどうかなどによってFの値は決まる。一成分系$C=1$の場合について温度−圧力による状態図（相図）を考えると，平衡状態で共存できる相の数が1つ（$P=1$）の領域は，相律から$F=2$となり面で表され，平衡状態で共存できる相の数が2つ（$P=2$）の領域は$F=1$となり線，平衡状態で共存できる相の数が3つ（$P=3$）の領域は$F=0$となり点で表されることがわかる。すなわち，状態図には，相の存在する面，相境界を示す線，およびそれらが集まる三重点と臨界点があることを示している。三重点は，固体，液体，気体が動的平衡状態にある温度−圧力条件である。

　図**3.5**に，無機材料の一成分系の状態図を模式的に表す。比較的高い圧力では温度軸に沿って固相α，β，液相がある。固相が2つあるのは，固体状態にある物質でα相とβ相間の結晶構造変化があることを示している。これを**構造相転移**（structural phase transition）といい，その温度を**相転移点**（phase transition temperature）という。固相を示す線と液相を示す線の境界には凝固点があり，液相と気相（蒸気相）の間には沸点がある。この図では，Bが三重点，Cが臨界点で，それ以上の温度と圧力

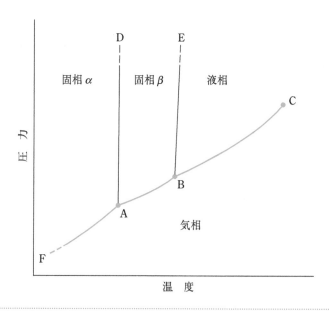

| 図3.5 | 無機材料の一成分系の状態図(模式図)

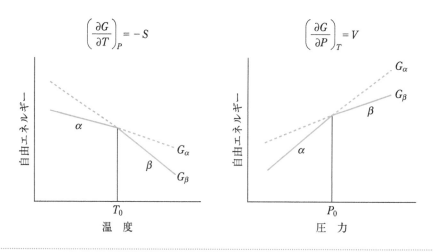

| 図3.6 | α–β相変化での自由エネルギーと温度，圧力の関係

では3つの相の境界がなくなり単相となる。

　図3.6に相境界でのギブズ自由エネルギー G の変化のようすを温度や圧力(状態変数)に対してプロットしたものを示す。α, β それぞれの相の G が変数に依存して変化していくことがわかる。その交点となる温度・圧力において両者の G は等しく($\Delta G = 0$)，同じ安定性をもち，共存できる。これが相転移点である。温度が変化するときのそれぞれの相の温度に対する G の変化の傾きは，エントロピー S と関係する。

　S はその温度での熱量を表し，S が大きいことは状態の乱雑さが大きいことに相当する。液相は固相より S が大きく，高温では G が最小値となるのは液相側である。固相については，高温の相のほうが乱雑(構造の対称性が低い)になるような相転移がおこる。また，圧力が変化する

ときのそれぞれの相の温度に対するGの変化は体積Vと関係する。一般に，液相は固相よりも密度が低く（体積が大きく）低圧側で安定になる。一成分系の状態図において，相移転境界の温度と圧力の関係は，次の**クラジウス・クラペイロンの式**（Clausius-Clapeyron equation）で表される[5]。

$$\frac{\mathrm{d}P}{\mathrm{d}T} = \frac{\Delta S}{\Delta V} = \frac{\Delta H}{T\Delta V} \tag{3.42}$$

固相−気相間（昇華曲線），液相−気相間（蒸発曲線）では体積変化が大きいので，その傾きは大きい。固相−液相間（融解曲線）の変化では，体積は膨張し，境界は少し右に傾く。水は，氷になるときに逆に膨張するために境界が左に傾くという特殊な物質である。固相間の変化（構造相転移）における体積変化は小さいので，固相間の境界は垂直になる。こうした単体（純物質）についての扱いは，化学反応により分解などをおこさない化合物の場合，金属酸化物，複合金属酸化物のような複数の元素を含む化合物の場合，合金の場合にもそのまま適用される。

一次転移は，転移点での化学ポテンシャルの微分が不連続となる場合で，V, Sの少なくとも1つが不連続である。相転移点Tで2つの相間のエントロピー差ΔSのために，$T\Delta S = q$だけの熱（潜熱）の出入りがある。比熱（等圧熱容量$C_P = q/\Delta T$）は，相転移点で無限大のピークをとり，階段状に変化する。固相−液相間の変化は一次転移であり，一定圧力下で，熱容量変化を測定することで相変化を検出することができ，液相線の位置をおよそ決定することができる。

二次転移は，転移点での化学ポテンシャルの微分が連続で，二次微分が不連続となる場合である。V, Sは連続であるが，その微分が不連続となる。比熱の温度変化はλの形になるのでラムダ転移ともよばれる。

無機材料の多くは，同じ組成の物質であっても異なる結晶構造をもち，結晶構造は温度によって変化するため，その相が求めている性質を示すかどうかが重要な関心事である。固体のままで結晶構造が変化する構造相転移は，結晶の対称性の違いによって生じる。構造相転移により物理化学的な性質が大きく変化したり，安定性によって使用が制限されたりするので，固体材料の設計において重要な現象である。相変化が原子位置のわずかな変位だけによっておこる場合を変位型相転移という。これに対して，構造の大幅な変化や原子の拡散をともなう相変化を再編型相転移という。前者の例としてはチタン酸バリウム$BaTiO_3$の立方晶−正方晶転移，後者の例としてはAl_2O_3の酸素の充填構造が立方晶から六方晶に変わるような相転移があげられ，一般に前者は速く，後者は遅い。固相のままで二次転移（ラムダ転移）をするような物質のなかには，結晶構造内での原子位置の秩序／無秩序の変化によって相転移が生じる場合もある。二次転移については，原子位置の秩序の度合いを示すオーダーパラメータにより相転移を記述することで，温度変化による性質の変化

5 クラジウス・クラペイロンの式は$\mathrm{d}G = -S\mathrm{d}T + P\mathrm{d}V = 0, T\Delta S = \Delta H,$ および式(3.14)，(3.15)から導かれる。さらに，蒸気圧変化は

$$\frac{\mathrm{d}\ln P}{\mathrm{d}T} = \frac{\Delta H}{RT^2}$$

と表される。

を予測することもできる。

凝縮相（液体や固体）の状態図は，単に融点や相転移点を知るためばかりではなく，液相や気相からの材料の生成や焼結などといったプロセスの面でも重要であり，また固相の相転移は結晶構造（対称性）の変化によりおこるので材料としての各種の性質に深く関わる。状態図からはさまざまな情報が得られるため，材料設計や作製の基本となっている。

3.5 ◆ 混合の熱力学

二成分の混合による自由エネルギー変化を考える。2つの成分A, Bのモル分率をx_A, x_Bとする。$x_A + x_B = 1$である。混合前における物質量あたりの自由エネルギー G_i（i：始状態）は，成分A, Bの化学ポテンシャルμ_A, μ_Bを用いて次のように表される。

$$G_i = x_A \mu_A + x_B \mu_B \tag{3.43}$$

化学ポテンシャルμは，標準化学ポテンシャルμ_0，モル分率x，温度T，気体定数Rを用いて，次のように表される。

$$\mu = \mu_0 + RT \ln x \tag{3.44}$$

混合前は$x = 1$であるから，$\mu = \mu_0$である。

混合後の全ギブズ自由エネルギー G_f（f：終状態）は次のように表される。

$$G_f = x_A (\mu_{A0} + RT \ln x_A) + x_B (\mu_{B0} + RT \ln x_B) \tag{3.45}$$

ここで，μ_{A0}, μ_{B0}は成分A, Bについての標準化学ポテンシャルを表す。混合による自由エネルギー変化$\Delta G_{mix} = G_f - G_i$は次のように表される。

$$\Delta G_{mix} = RT (x_A \ln x_A + x_B \ln x_B) \tag{3.46}$$

一方，混合のエンタルピー変化をΔH_{mix}，エントロピー変化をΔS_{mix}とすると，ΔG_{mix}は次のように表される。

$$\Delta G_{mix} = \Delta H_{mix} - T \Delta S_{mix} \tag{3.47}$$

理想気体の混合では，$\Delta H_{mix} = 0$であり，このような液体や固体の溶体を理想溶体という。

式（3.46）を温度Tで偏微分することにより，混合のエントロピー変化ΔS_{mix}は次のように表される。このエントロピー増加が自発的な混合を進める。

$$\Delta S_{mix} = -R (x_A \ln x_A + x_B \ln x_B) \tag{3.48}$$

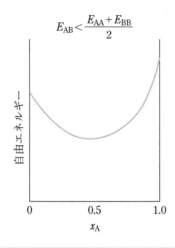
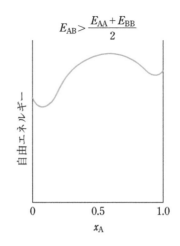

$$E_{AB} < \frac{E_{AA} + E_{BB}}{2} \qquad\qquad E_{AB} > \frac{E_{AA} + E_{BB}}{2}$$

図3.7 | 混合による自由エネルギー変化と組成

　次に，成分間に相互作用がある実際の場合で，A–B間の相互作用が A–A間およびB–B間と異なるときを考える。その溶体を正則溶体という。その影響を反映したパラメータ Ω により ΔH_{mix} は次のように表される。Ω は一定である。

$$\Delta H_{mix} = \Omega x_A x_B \tag{3.49}$$

$$\Omega = E_{AB} - \frac{E_{AA} + E_{BB}}{2} \tag{3.50}$$

　$\Delta H_{mix} < 0$ の場合には，A–A間相互作用 (E_{AA}) やB–B間相互作用 (E_{BB}) よりもA–B間相互作用 (E_{AB}) が強く，$E_{AB} < (E_{AA} + E_{BB})/2$ で，混合系のほうが安定化する。ΔG と組成の関係を示す図において，ΔG は下に凸となり，混合割合が高いほうが系は安定化する（**図3.7**(a)）。混合反応は発熱反応である。一方，$\Delta H_{mix} > 0$ の場合にはこの逆で，混合反応は吸熱反応であり，ΔG と組成の関係を示す図においては，両端付近で ΔG が極小となり，混合割合が低いほうが安定化する（**図3.7**(b)）。

　実在の溶体では，分率 x の代わりに活量 a が用いられ，活量係数 γ が導入される。活量 a は分率 x に活量係数 γ をかけたものとなる。

$$a = \gamma x \tag{3.51}$$

　正則溶体では，分率 x と活量係数 γ の間には次の関係がある。これはマグレスの式（Margules equation）とよばれる。

$$\ln \gamma = x^2 \tag{3.52}$$

3.6 ◆ 二成分系の状態図

　一般の材料において二成分系といえば，状態図上でともに材料になりうるような安定な物質が2種類存在する，すなわち金属種が2種類存在する系を指すのがふつうである。酸素が共通であり金属と酸素が特定の結晶構造をとるような系では，金属の二成分系の状態図と同様な見方で，金属＋金属酸化物や2つの金属酸化物が共存する系の状態を読み取ることができる。

3.6.1 ◇ 自由エネルギーの組成依存性と全率固溶型状態図

　二成分系の状態図は，縦軸に温度T，横軸に組成xをとって液相と固相およびその共存領域を示している。各相について各温度でのGとxの関係図を描くとGが極小となる組成xがあるが，系の全Gができるだけ小さくなるような相（混合）および組成の組み合わせを反映したものとなる。

　$\Delta H_{\mathrm{mix}} < 0$の場合には$\Delta G$と組成の関係図において$\Delta G$は下に凸となり，溶体を形成する。固相の場合も，相は一様で固溶体（solid solution）を形成する。

　まず，二成分が液相あるいは固相で混合している場合について，液相と固相の違いを考えよう。ある特定の温度では，この混合系内の液相と固相のそれぞれのGの大きさは異なる。液相と固相についてG-xの関係図を比較し，いずれかのGが常に小さく，かつ組成xのすべてにわたって両者が重ならないときは，Gの小さい相がすべての組成で安定相となり，系全体が液相か固相になる。すなわち，状態図は，高温で液相，低温で固相の状態を示す。一方，固相αと液相βについてのG-xの関係図が重なるとき（**図3.8**）は，固相と液相がある割合で共存する。各組成では，全体としてより小さいGをとるので，A～x_1で固相α，x_1～x_2で共存，x_2～Bで液相βになる。x_1～x_2の間でG_αとG_βの2つのG-x曲線にともに接する直線を引き，両端組成へ外挿すると，切片がその組成での成分AとBの化学ポテンシャルμ_{A}，μ_{B}を示している。**図3.8**のx_1とx_2の間の組成x_{A}では，Gは両端の化学ポテンシャル値の組成按分平均であり，次のように表すことができる。これを共通接線の法則とよぶ。

$$G = x_{\mathrm{A}}\mu_{\mathrm{A}} + (1-x_{\mathrm{A}})\mu_{\mathrm{B}} \tag{3.53}$$

　このように，異なる温度でのGとxの関係を調べていくと，どの組成で固相と液相が共存するのかがわかる。実際の材料での状態図でも，縦軸に温度をとり，横軸は組成を重量分率（wt%）またはモル分率で表し，横軸の左端はAが100%，右端はBが100%である。

　図3.9には，固溶体αが組成A～B全域に生成し，高温ではその液相Lが生成する全率固溶型の状態図を示す。図中の下側の曲線は固相線で，

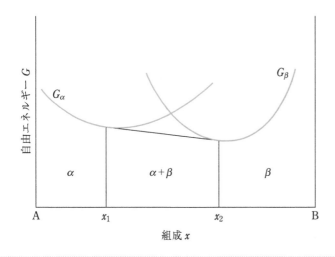

図3.8 自由エネルギーと組成の関係

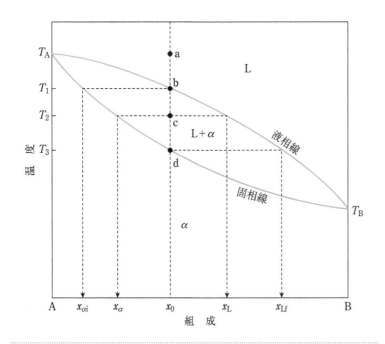

図3.9 二成分系固溶体型状態図（全率固溶型状態図）

それより下の領域では固相である。上側の曲線は液相線で，それより上の領域では液相である。これら2つの曲線で囲まれた領域では，固相と液相の2相が共存している。組成と温度を指定し，状態図上の1点を定めると，平衡状態においてその点で存在する相を決定できる。

組成x_0での温度変化を見ると，まず温度T_Aの点aでは液相のみである。温度T_1は液相線上の点bで液相から固相が析出し始める温度である。温度T_2の点cでは液相と固相は共存する。温度T_3の点dではすべて固相へと変化し，それ以下の温度では固相である。

温度T_2の点cでは液相と固相は共存し，液相組成はx_Lで，固相組成はx_αで示される。温度T_1〜T_3の間では，液相と固相が共存するという点では共通であるが，温度ごとに液相と固相の組成は異なる。点cにおいて，温度一定で引いた線と固相と液相を示す線の2つの交点を結ぶ温度一定の線を連結線（共結線）または**タイライン**（tie line）という。タイラインの線分長さの比から，液相／固相量比は$(x_\alpha - x_0)/(x_0 - x_L)$と求められる。このように求める方法はてこの原理のように距離の逆数比になることから，**てこの法則**（lever rule）とよばれる。温度を定めれば，共存する2相のそれぞれの組成は決まる。点bで固相の生成が始まるが，そのときの固相の組成は$x_{\alpha i}$である。温度が下がると析出する固相の組成は固相線に沿って変化する。同様に，共存する液相の組成も，液相線に沿って変化し，最終的な液相の組成はx_{Lf}である。

3.6.2◇共晶型状態図

図3.10は，成分Aと成分Bの化合物がまったく存在しない場合の二成分系の状態図である。1つの液相から2つの固相（結晶）が生成したときにできる結晶を**共晶**（eutectic）とよび，こうした反応（L→A＋B）を共晶反応とよぶ。**図3.10**のような状態図は共晶型状態図とよばれる。点eを共晶点といい，この温度（共晶点温度）で固相AとBのみになるが，それより高い温度では液相が存在する。

組成x_0で温度を下げていく過程を見ると，温度T_Aの点aでは液相である。T_1の点bでは固相と液相が共存し，T_eでは固相のみとなる。T_2での固相は，てこの法則から純粋な成分Aである。そのため，このT_2において，成分Aに成分Bを加えていったときの変化を調べることができる。成分Bを加えることは，T_2のタイライン上を成分B 100%に向かって変化させていくことに相当する。図からわかるように，成分Bの添加とともに，少量の液相が生成し，点cでは組成x_{La}の液相が生成し，さらに組成x_{La}まで成分Bを加えるとすべて液相となる。この変化は，成分Bの添加により純粋な物質Aに比べてみかけの溶融温度が低くなったことによる。成分B側から見ても同様で，A–Bの中間にある組成x_eにおいて液相の生成温度がもっとも低くなる。

図3.11に，成分Aと成分Bの固相で組成両端に固溶体α相とβ相をつくる場合の状態図を示す。両端付近でΔGが極小となり，2つの相αとβで少量の固溶がおこる組成域が描かれている（固溶度線）。これは実際の材料においても多くみられる状態図である。温度や組成を変化させたときの現象は上記と同様であるが，固溶体の安定性が温度によって変化するため，組成により析出する固溶体の組成がわずかに変わることになる。一般に固相どうしでは高温ほど固溶体をつくりやすく，固溶組成範囲も広がる。詳しい説明は省略するが，組成x_0での温度変化では，生成する固相αの組成が温度によって$x_{\alpha i}$〜$x_{\alpha e}$のように変わる。

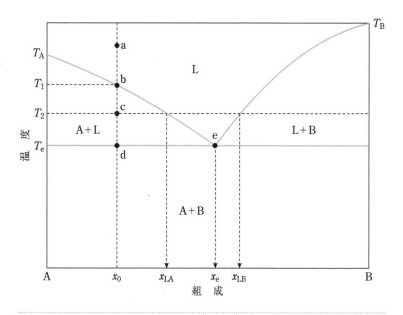

図3.10 | 二成分系共晶型状態図（固溶体をつくらない場合の模式図）

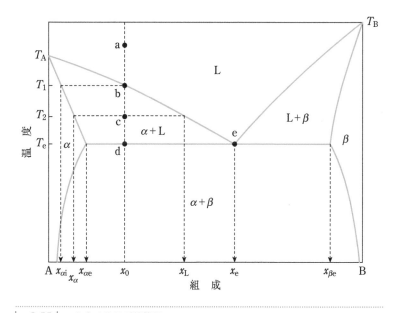

図3.11 | 二成分系共晶型状態図

　さらに，この固溶体を含む共晶型状態図における自由エネルギー変化のようすを見てみよう（**図3.12**）。温度T_1では液相のみで，液相の自由エネルギー曲線G_Lがもっとも低いエネルギーの位置にある。T_2では固相αの自由エネルギー曲線は液相と交差しており，Ac間で固相α（固溶体），cd間で2つの相（固溶体α＋液相）が共存している。T_3では，α，βの自由エネルギー曲線は液相と交差しており，固溶体α（Ae），固溶体α＋液相（ef），液相（fg），液相＋固溶体β（gh），固溶体β（hB）の5つの領

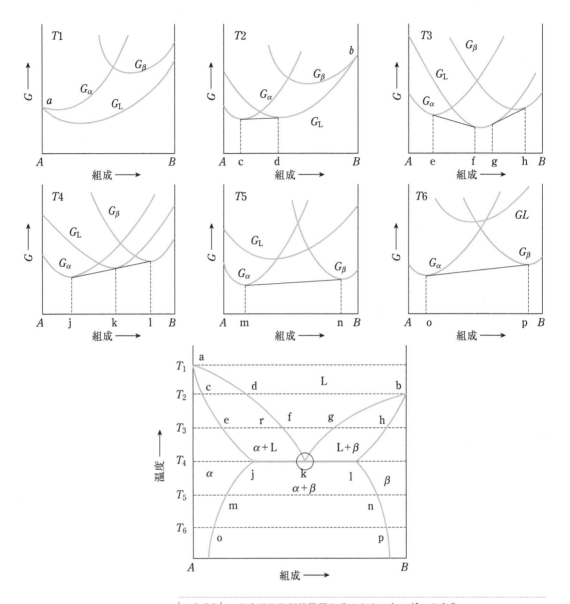

|図3.12|二成分系共晶型状態図とその自由エネルギーの変化

域がある。T_4では，固溶体α，液相，固溶体βの3つの相が平衡状態で共存し，自由度0の共晶点で共晶反応$(L \rightarrow \alpha + \beta)$が生じる。$T_5$では，固溶体$\alpha$と固溶体$\beta$が共存する。

3.6.3◇包晶型状態図

　図3.13に，固相αと液相が反応し，固相βが新たに生成する場合の状態図の例を示す。こうした状態を**包晶**(peritectic)とよび，その反応(α +L$\rightarrow\beta$)を包晶反応とよぶ。**図3.13**のような状態図は包晶型状態図とよばれる。点cで包晶反応が生じ，固相αと液相が反応して固相βが生成する。温度T_pが包晶温度である。点cの温度T_pに冷却された瞬間においては，組成x_Lpの固相αの量比は線分の長さの比に等しい$(x_{\alpha\mathrm{p}}-x_0)/$

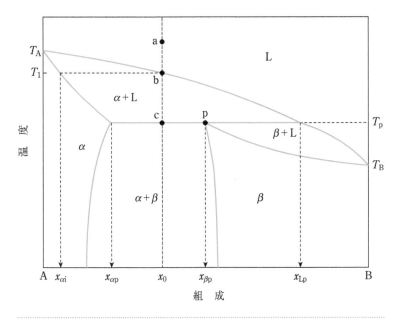

図3.13 二成分系包晶型状態図

(x_0-x_{Lp})であるが，反応後の固相量の比は$(x_{\alpha p}-x_0)/(x_0-x_{\beta p})$になる。

　成分B側のβと液相Lは，共晶型状態図の左側と同じである。

3.6.4◇二成分系状態図の相関性

　二成分系において，全率固溶型，共晶型，包晶型のいずれの状態図をとるかは，液相と二成分固相の安定性（G）の組成・温度依存性の相対的な関係で決まる。一連の変化は，成分ABの固溶体形成と融点の違いによって予想される。これらは材料の安定性や作製プロセスをもとに成分の組み合わせを検討するときに参考になる。**図3.14**に，これらの違いによってあらわれる状態図の型を示す。(a)は全率固溶型の状態図である。固溶体の形成が不完全になるような不安定性があると，融点が低下して，(b)，(c)のような融点降下の領域と，固相内での相分解においてα相に加えてβ相が生じる領域があらわれる。固相の分解と液相からの融点降下が合わさると(d)～(f)に至り，共晶型になる。これは成分ABが相互溶解せずに共存によって融点降下がおこる場合である。さらに成分B側の融点が低くなると成分Bの共晶型の液相固相共存領域がさらに低温化して，包晶型に至る。多成分の混合によって，固溶体形成領域を広げたり，融点を低下させたりできるのは，このような成分どうしの相溶性と混合系の融点の制御によるところが大きい。とくに，作製プロセスでは局所的な組成がそれらの効果をもたらして，必ずしも材料全体が平衡状態でなくてもその変化を促進して焼結性の改善などが生じている。無機材料の作製において，成分添加の状態図に対する影響を考えることは重要である。

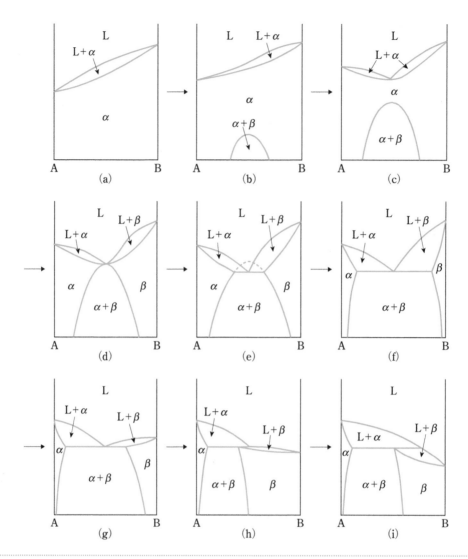

| 図3.14 | 二成分系包晶型状態図の相関関係

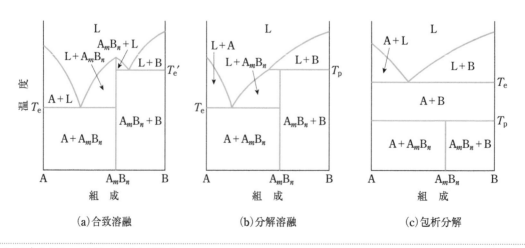

(a)合致溶融 　　　　　　(b)分解溶融 　　　　　　(c)包析分解

| 図3.15 | 化合物の分解反応を含む状態図

3.6.5◇合致溶融

成分Aと成分Bが反応して化合物C(A_mB_n)を生成し，温度上昇によってそれが分解する場合がある（**図3.15**）。その組成のままで直接液相として融解するような場合を**合致溶融**（congruent melting）という。合致溶融は，その組成が1つの成分として融点まで存在し，その両側の組成と2つの状態図が合わさったような形の複雑な状態図になる。なお，包晶型状態図において液相と固相に分解することを**分解溶融**（incongruent melting）ともいう。また，固相として分解する場合を**包析分解**（peritectoid）という。

3.6.6◇無機材料の状態図の実例

実用化されている多くの材料では，上記のような現象が複合的にあらわれる。**図3.16**は，MgO–Al_2O_3系の状態図である。中間組成のMgO・Al_2O_3はスピネル構造の化合物$MgAl_2O_4$である。この化合物組成を境に，MgO–$MgAl_2O_4$系と$MgAl_2O_4$–Al_2O_3系の2つの共晶型状態図が合わさっている。$MgAl_2O_4$は2135℃で直接液相になる，すなわち合致溶融を生じる。

図3.17に，SiO_2–CaO系の状態図を示す。状態図の左側のSiO_2–CaO・SiO_2（$CaSiO_3$）の間では共晶型であり，固相間では構造相転移がある。CaO・SiO_2は合致溶融を生じる。これと$2CaO$・SiO_2の間では包晶型となり，$3CaO$・SiO_2は包晶反応で分解する。$2CaO$・SiO_2–CaOの間では包晶型の状態図となり，固相では構造相転移と包析反応をともなう。こうし

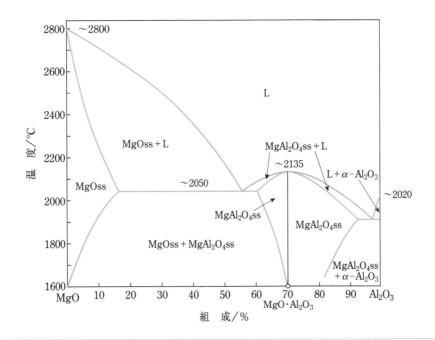

│図3.16│ MgO–Al₂O₃系の状態図
ssは固溶体（solid solution）を表す。

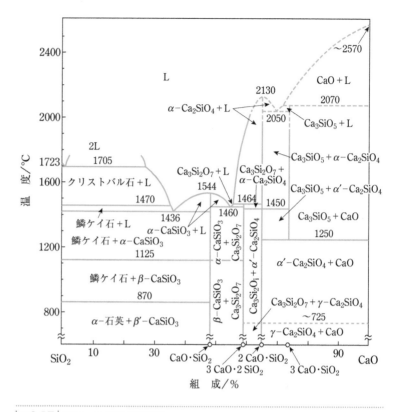

図3.17 | SiO₂-CaO系の状態図

た実際の状態図から相の変化や量を読み取る際には，複雑な状態図のそれぞれの領域で，上記の基本的な状態図の現象が独立におこるとしてみればよい。SiO₂-CaO系の状態図では，3つの組成領域は組み合わさっており，それぞれの両端は化合物であるが，端成分の融点以下では独立した成分として扱える。

3.6.7◇非平衡状態と計算状態図

冷却過程において状態図にしたがう相の変化がおこらず，みかけ上の相生成がおこる非平衡状態（non-equilibrium state）がしばしばあらわれる。液相からの固相の生成では，過冷却現象によって，液相線が低温側になり，共晶点が異なる場所で観測されることがある。**図3.18**はそのようすを模式的に示している。非平衡状態の液相線は平衡状態より低温でみかけの溶解度は大きくなる（**図3.18**(a)）。**図3.18**(b)のように合致溶融するはずの化合物が生成せず，分解溶融として観測されることもある。このような非平衡現象の経験則をタンマンの規則という。平衡状態図との不一致は，材料作製プロセスにおいて目的の化合物が生成しないといった問題を生じる。また，新しい相が見つかり，これが状態図上にない場合は，既存の状態図がこの非平衡状態の影響を受けている可能性もある。一方で，非平衡状態で得られる有用な相の作製条件を検討する

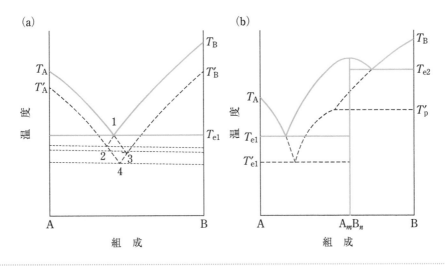

際に有用となる。

　実験的に求められた状態図に対して，まだ十分に調べられていない平衡状態の状態図を得るための方法として，計算熱力学を援用するCAPHAD法[6]がある。多くの計算結果と実験データを集めたデータベースの整備が進み，新材料の開発に役立てられている。金属間の合金に比べて，無機材料については計算精度が十分ではないが，実験が困難な場合には有効な手法である。

6　CAPHAD：calculation of phase diagram（状態図計算）の略。

3.6.8◇ 材料組織への影響

　状態図の重要な応用の1つは，安定な生成相を知り，それらのつくる材料組織を制御することにある。**図3.19**は，Al_2O_3–SiO_2系の耐火物の組織を状態図から理解したものである。Al_2O_3–SiO_2系には中間相のムライト（$3Al_2O_3 \cdot SiO_2$）がある。アルミナ（Al_2O_3）レンガは約1800℃までの高温に耐える高品質な耐火物である。ムライト質焼結体は，アルミナに比べて低コストな耐火物として汎用されている。ムライトはわずかに非化学量論組成をとり少量のガラス相が含まれる。SiO_2を約55%含むレンガは，ムライトが主成分でガラス相を多く含む2相からなる組織になる。また，シリカ（SiO_2）レンガは汎用的な耐火物で約1500℃まで利用でき，SiO_2の組織には石英とクリストバライトの多形が共存している。

　なお，冷却の際の固相内拡散が遅いために組織が形成されることがある。包晶反応では，冷却時の組成変動が析出相にあらわれ，中心と外周部で組成が異なる芯組織や帯状組織が生まれる。二成分系固溶体で固溶度線の固相側組成域にスピノーダル領域（ΔGの組成による二次微分がゼロになる組成までの間の領域）があり，組成変化が少ないため相分解が速い。そのため，微細な入り組んだ組織を生じることが多く，とくにガラス材料では強化や多孔質作製に利用される。

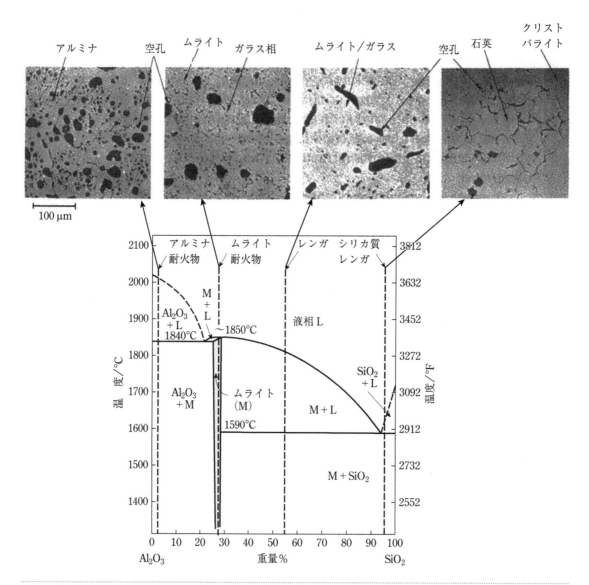

| 図3.19 | **Al₂O₃–SiO₂系の状態図と耐火物組織**

図3.19 **Al$_2$O$_3$–SiO$_2$系の状態図と耐火物組織**

［上の写真は A. G. Guy, *Essentials of Materials Science*, McGraw-Hill (1976), Fig.2.20 を改変］

3.7◆三成分系，四成分系の状態図

3.7.1◇三成分系の表現

　三成分系は，相律において成分の数$C=3$，自由度$F=5-P$である。圧力を一定にした固相と液相のみの状態図は，各温度での三成分系の組成を正三角形とし，この三角形に対して縦軸として温度を加えた立体図として描くことができる。**図3.20**は，単純な共晶型状態図の模式図で，底面の三角形の頂点は成分A, B, Cの純成分を示し，T_A, T_B, T_Cは各純成分の融点である。AB, AC, BC系に着目すると，それぞれの二成分系の液相線が描かれており，e_1, e_2, e_3は各共晶点である。三成分系では，二成分系の各共晶点は，第三の組成の影響を受けて点Eで示される三成分共晶点に向かって融点を低下させる。この立体状態図において，それぞれの方向から見て展開図にすると，**図3.21**(a)のようになる。壁となった二成分系を見ると，やはり単純な共晶型状態図となっている。平衡状態図は三次元の立体図であるが，三角形では，例えば二成分共晶点(e_1, e_2, e_3)および三成分共晶点(e)の融点はすぐにはわからないので，上から見た図中に等温線を示すことで理解を助けるようにしている。等温線は**図3.21**(b)のように描くことができる。

　成分A, B, Cからなる三角形において，各点での組成比は，その点から向かい側の各辺に下ろした垂線の長さの比で与えられる。

　図3.22は，$CaO-SiO_2-Al_2O_3$系の三成分系状態図である。非常に複雑であり，いくつかの状態図が複合化して表現されている。図中の点線に添えられた数値が温度であり，液相線上の等温線が表示され，端の組成から共晶点へ向かって融点が低くなるようすが表現されている。

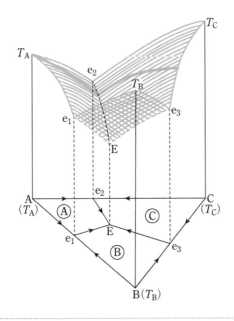

┃図**3.20**┃**三成分共晶型状態図**

(a)

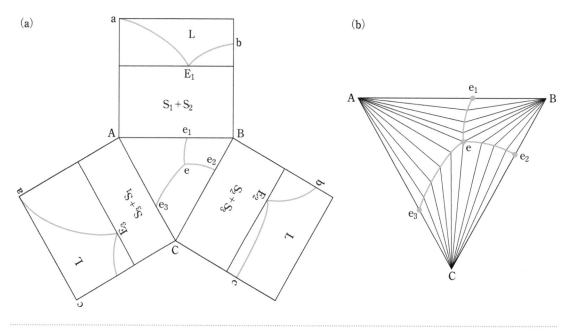

(b)

| 図3.21 | 三成分共晶型状態図の(a)展開図と(b)等温線

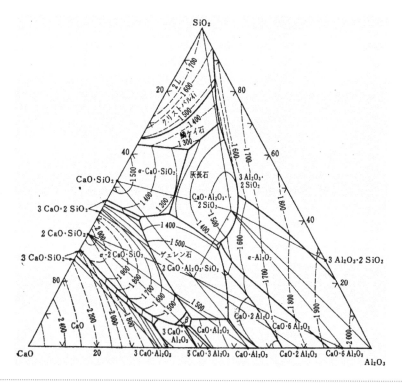

| 図3.22 | CaO–SiO₂–Al₂O₃系の三成分系状態図

[野田稲吉 編, 無機材料化学I, コロナ社 (1977), 図2.67]

3.7.2◇複合した三成分系の状態図

図**3.23**には，成分A，B，Cと化合物A_mB_mがある系についての状態図を模式的に示した。図**3.23**(b)は，組成A_mB_mの化合物が合致溶融する場合である。化合物組成を示すA_mB_mとCを結んだ点線を**アルケマーデ線**（Alkemade line）という。アルケマーデ線により2つの三角形に分けられ，それぞれは三成分系共晶型状態図で示される。図**3.23**(c)では，点5から点6に向かって温度が下がり，アルケマーデ線がこれと交わらないため，A_mB_mは分解溶融，すなわち包晶反応をおこす。図**3.23**(d)では，A_mB_m-C間の点線の上に領域Aの液相線1～5がある。A_mB_mは液相線1～5より低い温度で液相と端組成に分解する。左側が包晶型，右側が共晶型の合わさった状態図である。液相線に沿って点1からさらに点5から点6に向かって温度が低下する。図**3.23**(e)は，化合物A_mB_mがA-B系では生成せず，中央付近の領域のみで安定であることを示している。点4，6は包晶点，点5は共晶点である。図**3.23**(f)では，中央付近に三成分化合物$A_xB_yC_z$があり，化合物A_mB_mと同様，合致溶融する。そこで，この両組成物を考慮し，それぞれを端組成とする4つの共晶型領域に分けて読み取る。

図**3.22**に示したCaO-SiO_2-Al_2O_3系の三成分系状態図を再び見てみよう。いくつかの化合物の組成の点と各頂点を結ぶアルケマーデ線によって区切られ，複雑ではあるが，三成分系の共晶型状態図などが組み

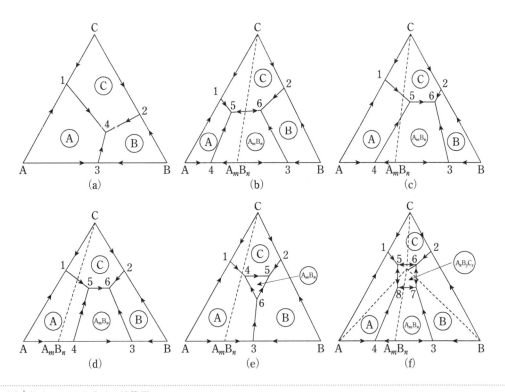

| 図**3.23** | **複合した三成分系の状態図**

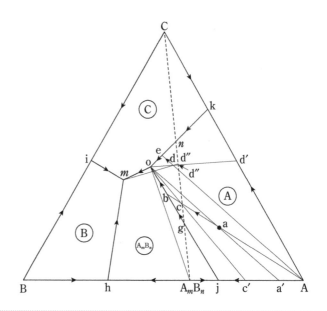

|図**3.24**| **仮想的な複合三成分系状態図上での変化のようす**

合わさっていることがわかる。

　図3.24で，組成a上において高温から冷却する過程を調べる。固相A域内で析出する最初の固相（これを初晶という）はAであり，液組成は点aからabに沿って変化する。点bに達すると共晶系A–A_mB_mでA_mB_m相が析出し，液相組成は温度の低いoに向かって変化する。このときの固相全体の平均組成はo–aを結んだAB上の外挿線上の組成a′である。液相／固相比は，（a–a′）/（a–o）の線分比である。また，固相の量比A/A_mB_mは，（A_mB_m–a′）/（a′–A）の線分比となる。さらに冷却すると，最終的には固相のA，A_mB_n，Cが共存する状態となる。この反応はA＋液相 →A_mB_m＋Cである。

3.7.3◇四成分系の状態図

　四成分系状態図では，三成分系を拡張して4つの成分を正方形の各頂点にとる。等温での断面図として示されることが多い。**図3.25**に，四成分系の例として，SiO_2–Al_2O_3–Si_3N_4–AlN系の1760℃での状態図を示す。Si, Al, O, Nからなるセラミックスはこれらの頭文字をとってサイアロン（sialon）とよばれる。サイアロンは耐熱性にすぐれるセラミックス材料である。Si_3N_4からの線上には$AlN : Al_2O_3$が4：3で混合する固溶体が途中の組成まで存在する。四成分系無機材料で調べられている系はそれほど多くはない。

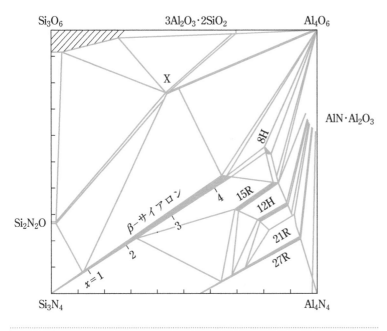

図3.25 | SiO$_2$–Al$_2$O$_3$–Si$_3$N$_4$–AlN 系の状態図（1760℃）

3.8 ◆ 水溶液中の化学種と熱力学

3.8.1 ◇ 溶媒中の電離物質

　無機材料化学では，第4章で述べるように，複数の金属を含む無機材料の合成において，金属イオンを含む水溶液から材料を合成する方法も多く用いられる。そのため，無機化合物の溶媒中での挙動は重要である。溶媒中の溶質は溶媒和によって安定化されながら，他の化学種と化学平衡の状態にある。

　水溶液中の化学種，すなわち金属や金属酸化物，金属水酸化物などの安定性は，酸塩基反応と酸化還元反応の両方の反応自由エネルギーに支配される。溶液から無機材料を合成する場合は，これらの安定性を知ることが基本となる。

　酸（acid）と塩基（base）に関して，アレニウスの定義（1887年）では，酸は水溶液中で水素イオン H$^+$ を出す物質，塩基は水溶液中で水酸化物イオン OH$^-$ を出す物質である。ブレンステッドの定義（1923年）では，酸は水素イオンを与え，塩基は水素イオンを受け取る物質である。

　アンモニア NH$_3$ と水 H$_2$O の反応

$$NH_3 + H_2O \rightleftharpoons NH_4{}^+ + OH^-$$

において，NH$_3$ は塩基，H$_2$O は酸である。

　水と酢酸 CH$_3$COOH の反応

$$H_2O + CH_3COOH \rightleftharpoons H_3O^+ + CH_3COO^-$$

においては，H_2O が塩基，CH_3COOH が酸である。さらに，ルイスの定義では，電子対を受け取る物質が酸，与える物質が塩基である。

水中では，電離したイオン間に平衡状態が成り立つ（電離平衡）。その典型的な応用例は H^+ と OH^- 間の電離平衡にもとづく pH の決定である。純粋な H_2O はわずかに電離して次の反応を生じる。

$$H_2O \rightleftarrows H^+ + OH^-$$

水溶液の水素イオン濃度 $[H^+]$ と水酸化物イオン濃度 $[OH^-]$ の積はイオン積とよばれ，$[H^+] \cdot [OH^-] = 10^{-14} \ (mol/L)^2$ で一定である。pH は次式で定義される。

$$pH = -\log_{10}[H^+] \tag{3.54}$$

pH＝7が中性，pH＜7が酸性，pH＞7が塩基性（アルカリ性）である。

中和反応は，酸と塩基から塩（酸の陰イオンと塩基の陽イオンが結合したもの）と水が生成する反応である。その本質は $H^+ + OH^- \to H_2O$ の反応である。酸に塩基を添加するときの添加量と pH 変化の関係を表したものが滴定曲線である。中和反応による沈殿生成では，水酸化物イオン OH^- と反応して水に不溶な塩を形成するような金属イオンを含む酸性の水溶液に対して OH^- を添加していく。OH^- が中和反応に関与している間は，OH^- 量を増加しても沈殿が生じることはなく，pH は大きくは変化せずに推移する。中和反応が終了すると，pH は上昇に転じ，沈殿反応が生じる。滴定曲線における，沈殿生成の開始点と終了点は，水溶液から酸塩基反応により物質を生成させる際の目安とすることができる。

一般に，金属イオンは，電子対を受け入れる空の軌道をもち，ヒドロキシ基（水酸基）を含む配位子や水酸化物イオンなどが配位して，分子（錯体）や錯イオンを生成する酸塩基反応を生じる。

$$M^+ + 2OH^- \to M(OH)_2$$

3.8.2 ◇ 電位－pH 図（プールベ図）

電位－pH 図（potential-pH diagram）あるいはプールベ図（Pourbaix diagram）は，水溶液中における酸化還元反応や酸塩基反応を総括的に理解するのに役立つ水溶液中の分子種に関する熱力学的な状態図である。

水溶液中で，金属種の酸化数が増える化学種と減る化学種を含む場合（例えばある金属と，別の金属の金属イオン）を考える。このとき，一方が酸化され，他方が還元される，次のような酸化還元反応が生じることが考えられる。

$$M + N^{n+} \to M^{n+} + N$$

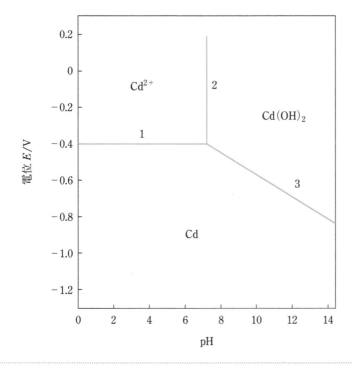

|図3.26| Cd–H₂O系の電位−pH図

図3.26 Cd–H$_2$O系の電位−pH図

　金属Mは水溶液中の対応する金属イオン種M^{n+}と平衡にあり，その酸化還元反応は，電子が関与する半反応（イオン反応）として書ける。

$$M^{n+} + ne^- \rightarrow M$$

これは水溶液内に置かれた金属Mの電極と，イオンM^{n+}の間におこる電極反応である。この反応の電極電位Eは，平衡定数Kおよび標準電極電位E_0と次の**ネルンストの式**（Nernst equation）によって結びつけられる。

$$E = E_0 - \frac{RT}{nF} \ln K \tag{3.55}$$

電極電位Eを観測すれば，金属の性質に関する情報が得られ，このときの電位（平衡電位）は，反応にH$^+$を含まないので，水溶液のpHには依存しない。

　一方，酸化還元反応に対して水溶液中に含まれるH$^+$が関与する場合には，電極電位EはH$^+$濃度すなわちpH$(=-\log[H^+])$に依存する。反応がpHと電位の両方に関係する場合，電位−pH図にはその反応がおこる条件（境界）が斜めの直線で表される。電位−pH図の境界は，反応の自由エネルギー変化ΔGをH$^+$濃度すなわちpHを含む平衡定数を用いて表すと，式(3.56)からEとpHの関係として求めることができる。

　図3.26に，Cd–H$_2$O系の電位−pH図を示す。図中の水平の線で示されている境界線1の反応は，pHに依存しない酸化還元反応である。

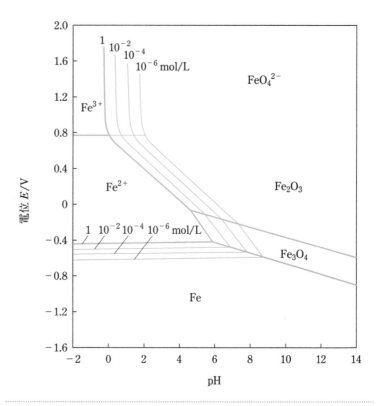

図3.27 | Fe–H₂O系の電位–pH図（空気中）

$$Cd^{2+} + 2\,e^- \rightarrow Cd \qquad E = -0.40\ \text{V}$$

pH＝7.2（Cd濃度1 mol/L）に垂直な線で示されている境界線2は，電位Eに依存しない反応である。

$$Cd(OH)_2 \rightarrow Cd^{2+} + 2OH^- \qquad \log K_{sp} = -13.5（K_{sp}：溶解度積）$$

斜めの直線で示される境界線3の反応は，pHと電位がともに関係する反応である。

$$Cd(OH)_2 + 2H^+ + 2e^- \rightarrow Cd + 2H_2O \qquad E = 0.2 - 0.059\text{pH}$$

の関係がある。

図3.27に空気中で酸化される状態でのFe–H₂O系の電位−pH図を示す。図中の水平の線で示されている境界の反応は，pHに依存しない酸化還元反応である。

$$Fe^{3+}(aq) + e^- \rightarrow Fe^{2+}(aq) \qquad E = +0.77\ \text{V}$$
$$Fe^{2+} + 2e^- \rightarrow Fe \qquad E = -0.44\ \text{V} \qquad （Fe濃度1 mol/L）$$

斜めの直線で示される境界の反応は，pHと電位がともに関係する。

$$Fe_3O_4(s) + 8H^+ + 2e^- \rightarrow 3Fe(s) + 4H_2O(l)$$
$$E = -0.085 - 0.059\ \text{pH}$$

なお，（aq）は水中に溶けた状態，（l）は液相，（s）は固相を表し，それぞ

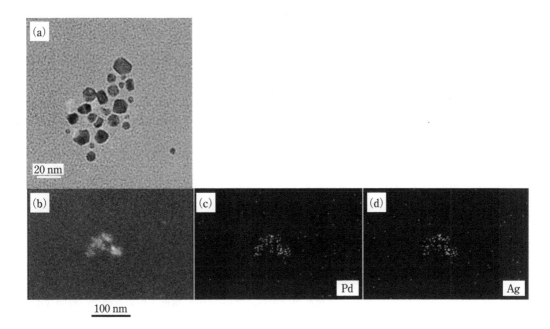

■図3.28 ｜ 水溶液中で作製したAu/Pd複合粒子

(a)電子顕微鏡像， (b)走査透過電子顕微鏡(STEM)[7]像， (c)Pd分布， (d)Au分布。

れの物質の状態を説明する添え字である。以下では一部省略する。

　Fe–H$_2$O系で酸化数2の水酸化鉄($Fe(OH)_2$)などがみられないのは，空気中の酸素による酸化がおこることを想定した条件での図であるためである。酸素がない条件での鉄の電位–pH図には，高いpHで$Fe(OH)_2$や$Fe(OH)_3$の生成が含まれている。

　一般に電位–pH図は，金属の腐食やめっきのような現象の制御に有用で，水溶液中の金属成分の挙動の推察に不可欠である。一方，無機材料化学では，第4章で述べるように複数の金属を含む無機材料の合成において酸化還元のないpH変化による中和共沈法がよく用いられる。この反応において，酸化還元反応に関与する化学種を共存させる，あるいは電位を変化させると，電位–pH図で示されるように電位とpHが生成物に影響を与えることがわかる。すなわち，電位を加えることにより別の生成物の合成が可能になる。

　電極反応では一般に，膜のような形態の生成物が生じる。均一系水溶液に金属錯体を添加しても還元反応がおこることから，適当な酸化還元電位をもつような反応系とpHの調整によって金属や金属酸化物の微粒子を作製することもできる。**図3.28**は還元剤添加により作製した水溶液中での金–パラジウム複合微粒子である。

7　走査透過電子顕微鏡(scanning transmission electron microscope, STEM)：電子線を走査し，透過する電子を検出する，すなわち走査電子顕微鏡(SEM)と透過電子顕微鏡(TEM)をあわせた機能をもつ。細い電子線の各点で発生する特性X線から元素の分布像が得られる。

第**4**章

無機材料の反応論

4.1 ◆ 化学平衡と化学反応速度

　化学平衡は，物質の安定性に関する知見を与えるのに対して，化学反応速度は化学平衡に至るまでの時間変化に関する知見を与える。化学平衡は熱力学的に理解される。化学反応速度を記述するのは，反応速度論である。反応速度論は，反応の条件（温度，圧力，濃度，時間など）の決定や，反応機構の推察に有効である。

　反応速度は，単位時間あたりの反応物の減少量または生成物の増加量として表される。反応

$$A + B \rightarrow C$$

についての反応速度式は，次のように表される。

$$\frac{d[C]}{dt} = k[A]^x[B]^y \tag{4.1}$$

つまり，反応速度は生成物Cの濃度$[C]$の時間変化であり，反応基質A，Bの濃度$[A]$，$[B]$に対してそれぞれx次，y次となる。A, Bが気体の場合には，濃度の代わりに分圧が用いられる。kは反応速度定数である。x, yは物質A，Bに関する反応次数で，実験的に求めることができる。反応の機構に依存し，多くの場合，反応次数は反応式中の係数そのものではない。

　さらに，反応速度定数kは温度Tと一般に次の関係にある。

$$k = A\exp\left(-\frac{E}{RT}\right) \tag{4.2}$$

これをアレニウスの式（Arrhenius equation）という。Eは反応の活性化エネルギー（activation energy），Aは頻度因子（前指数因子，preexponential factor），Rは気体定数，Tは温度である。

　分子どうしの反応では，分子どうしの衝突確率と中間体や遷移状態を想定すれば，このような反応速度式の見積もりによって実際の反応時間を予測できる。また，活性化エネルギーは，反応における分子の活性化過程の障壁を表す値である。さらには，化学反応速度論によって，反応中間体と反応の律速過程（反応の速度を支配している素反応）を推定できる。

　無機材料の作製においても，分子から化学的に合成が行われることが

あるので，このような反応速度式は有用である。しかし，多くの固体材料では，分子の化学の範囲で，反応速度を決めることは難しい。反応の律速過程が，物質間の新たな結合の形成といった，純粋な分子どうしの化学的過程だけではないからである。

4.2 ◆ 固体の関与する反応の基礎

4.2.1 ◇ 固体の反応の分類

固体の無機材料の反応については，反応の相手が気体，液体，固体のいずれであるかによって反応が分類される。具体的には，固相－気相間反応（固気反応），固相－液相間反応（固液反応），固相－固相間反応（固相反応），固相自身の変化がある。セラミックスの焼結体の作製は，原料の粉末の製造も含めて，固相の反応のみによることがほとんどである。2種類以上の固相の反応では，反応は平衡相の生成に向かうが，その速度を決める段階（律速過程）の多くは拡散過程であり，反応面からみれば分子としての要素が少ない。

上で分類した無機材料の反応をそれぞれ見ていこう。相転移（phase transition）は，気相，液相，固相の間での変化のことで，一成分系の状態図でみられるような変化がその典型例である。さらに，固相で結晶構造が異なる相の間の変化を構造相転移といい，化学反応をともなわない場合にも，広く相転移反応といわれる。

相転移
$$H_2O(s) \rightarrow H_2O(l) \rightarrow H_2O(g) \qquad (氷 \rightarrow 水 \rightarrow 水蒸気)$$
構造相転移
$$石英(\alpha相) \rightarrow 石英(\beta相)$$

二成分以上の系の状態図に示される変化の多くは，化合物の生成と消滅をともなう。状態図上の特徴に依存して，共晶反応，包晶反応のような物質と状態の変化がおこる。こうした変化は無機材料の典型的な反応である。

酸化還元反応（redox reaction）は，酸化数の変化をともなう反応であり，酸化数が増加する場合が酸化反応，減少する場合が還元反応で，相状態の変化の有無を問わない。固相のままでおこる酸化還元反応は，材料の作製や化学的性質の発現において有用な反応の1つである。

還元反応
$$Fe_2O_3(s) + 3CO(g) \rightarrow 2Fe(s) + 3CO_2(g)$$
$$2CeO_2(s) \rightarrow Ce_2O_3(s) + 1/2\,O_2(g)$$
酸化反応
$$Si(s) + O_2(g) \rightarrow SiO_2(s)$$

酸塩基反応(acid-base recation)は，酸と塩基の間でおこる反応で，一般的な例としては液相の分子間や溶解した分子(例えばCO_2)やイオン，気体の分子との反応がある。固体と固体，固体と気体分子，固体と液体内の分子との間でもおこる。

$$2CaO(s) + SiO_2(s) \rightarrow Ca_2SiO_4(s)$$
$$CaH_2(s) + 2H_2O(l) \rightarrow Ca(OH)_2(s) + 2H_2(g)$$

中和反応(netralizing reaction)は，酸と塩基がちょうど中和するような物質量でおこる反応である。水溶液から沈殿反応が生じて固体が生成する反応は，無機材料の作製においてとくに有用である。

沈殿反応(precipitation reaction)は，溶媒中に溶解した物質が沈殿生成を促進する物質と反応して固体が生成する反応の総称である。溶解度が高い化学種または化合物から反応によって生成した物質の溶解度が低い状態になるように変化させることで沈殿現象がおこる。その化学変化にはさまざまな過程が利用されるが，中和反応や沈殿剤添加による方法が広く利用される[1]。

熱分解反応(thermal decomposition reaction)は，加熱すると2つ以上の物質に分解する反応である。

$$BaCO_3(s) \rightarrow BaO(s) + CO_2(g)$$

加水分解反応(hydrolysis reaction)は，水分子の添加により生じる分解反応である。無機材料では，金属水酸化物からその酸化物を生成するときにも用いられる。

$$CaC_2(s) + 2H_2O \rightarrow C_2H_2 + Ca(OH)_2(s)$$

なお，金属工業での利用による分類では，上記のほかに精錬で用いる電気分解反応や溶解浸出反応などがある。

4.2.2◇固相反応の特徴

固相反応の最大の特徴でかつ問題でもある点は，加熱による反応の多くは，原子・分子レベルで直接的に反応物質(基質)を扱えないことである。わかりやすい例は，かなり大きい(~ 1 mm)球形固体粒子間の反応である。球形の固体粒子間で接しているのは粒子上の1点であり，ここで互いの粒子(組成AとB)が反応する。化学反応は，上で説明した反応速度にみかけ上は従って生じるが，反応が実際に進むためには，その粒子上の1点で化学結合を生じ，さらに反応基質A，B(原子，分子)は固体A，Bの中をそれぞれ移動(拡散)しなければならない。また，接している粒子上の1点は，反応の進行とともにその面積を1点から拡大していき(核生成と成長)，ある大きさをもち始めることで，接触していた点は面積(二次元)や体積(三次元)をもち，もっとも安定になろうとしてさ

1 沈殿反応を用いた無機材料の作製については，4.6.3項およびコラム4.1を参照。

らに反応し，空間分布（形態）や組織を変化させる。すなわち，反応の場所や環境が動き，反応している物質（材料）自身をとりまく因子が変化して反応の進行に影響する。みかけ上の化学反応式A＋B→Cは維持されるが，反応が進むと，物質移動（拡散と構造）と空間分布（形態）へと律速段階が変わり，理解のしかたも変わる。固相の関係する反応を空間的・現象論的に正確に記述するには，基礎的な化学反応速度論の範疇を越えた内容が必要である。

　無機材料のほとんどは固体で，多くはそれらの原料を混合して反応させた後に生成物となるため，固体の反応過程自体はそれほど追求されず，単に実験パラメータを把握した（あるいは生成物がうまくつくれただけで良いとする）だけの研究報告も多い。固体反応では，固相と，固相，液相，気相との間の相安定性を確認しても，その条件（温度，組成など）で必ず生成物が得られるとは限らない。しかし，より適切な合成操作をするには，生成に至るまでの時間や温度の関係，さらに，それを促進するような固体自体の分解や固体表面・界面での反応，吸着，触媒反応，固体内部の欠陥やイオンの移動についても理解して合成することが望ましい。さらに，固体反応の理解では，生成物の組成や構造，形態の特徴を把握して，その材料の十分な性能が得られる状態にすることが利用面での目標になる。

4.2.3◇拡散

　固体の反応で重要なのが**拡散**（diffusion）の現象である。純粋な物質内でそれ自身が組成を保ったまま拡散する現象を自己拡散とよぶ。一方，不純物や空孔と元の原子との間での相互移動（交換）を生じる拡散を相互拡散という。

　固体内で物質が移動する現象は熱的な過程であり，結晶格子の原子間の結合を切って原子が移動し，また，残された格子内欠陥も移動する。このような拡散現象は，固体内であっても流体におけるそれと同じような連続体の現象として記述され，物質の拡散によって不均一な状態から均一な状態への変化が生じる。

　拡散方程式であるフィックの第一法則（式（4.3））および第二法則（式（4.4））は，Dを拡散係数として次のように表される。

$$J = -D\frac{dC}{dx} \tag{4.3}$$

$$\frac{dC}{dt} = \frac{d}{dx}\left(D\frac{dC}{dx}\right) = D\frac{d^2C}{dx^2} \tag{4.4}$$

　フィックの第一法則は，濃度Cの差（距離xに対する勾配）が物質移動の量Jを決めることを示している。また，フィックの第二法則は，濃度の差（勾配）が濃度の変化の速度を決定することを示している。つまり，拡散には濃度の差が必要であり，その速度は物質が存在する空間の状態

格子間機構

空孔機構

│図4.1│ 格子内の原子の拡散の模式図

に依存する。

多くの無機材料において，化学反応が分子間で進むには，まず反応基質が出会うための拡散現象が必要である。拡散の影響を受ける場合の反応速度式は，律速段階となる拡散過程を含んだものである必要がある。また，物質内や表面における拡散では，拡散する物質とその空間を占める物質の間の相互作用が拡散係数に反映される。

完全な格子からなる結晶における自己拡散の機構は，(1)格子間機構，(2)準格子間機構，(3)交換機構，(4)リング機構の4つに分類される。結晶が空孔(欠陥)を含む場合，上記のほかに，空孔と原子が交換する(5)空孔機構がある。実際の物質は，完全結晶ではなく欠陥を含むので，空孔機構による拡散が多く生じる(**図4.1**)。金属の酸化反応，固相反応，イオン伝導，焼結，粒界や表面での反応などは，この空孔機構によって説明される。

自己拡散は，自己拡散係数によって特徴づけられる。自己拡散係数は，ランダムウォークの扱いによって説明され，平均移動距離xと拡散係数Dの関係は，時間をtとして次のように表される。

$$x = (2Dt)^{1/2} \tag{4.5}$$

結晶格子内の拡散については，原子が占めることのできる位置(サイト)を指定してそのサイト間の移動を素過程として記述すると，濃度，空孔率，素過程の速度，活性化エネルギーによって，格子内拡散速度が導かれる[2]。

一方，不純物や空孔と元の原子との間の相互移動(交換)がおこるときの拡散係数を相互拡散係数という。これらのデータは，焼結性の向上やイオン伝導体の開発の観点から実験的に調べられている。また最近は，分子動力学計算による推算も行われている。

2 拡散係数の温度依存性は，アレニウスの関係

$$D = D_0 \exp\left(-\frac{Q}{RT}\right)$$

で表される。Qは拡散の活性化エネルギーである(4.4.3項参照)。

4.3 ◆ 固相を含むマクロ系の反応速度式

固相と固相，気相，液相との間の反応では，相全体に注目することが多いため，分子1個と比べれば巨視的(マクロ)な対象である。セラミックス原料のような相の生成が反応の目的である場合などがこれに該当する。そのため，以下に述べるような現象論的な理解が役立つ。

4.3.1 ◇ 固相−気相間反応の未反応核モデル

固相−気相間反応(固気反応)を例にとり，無機固体材料の反応の特徴について速度論的に考える。ここでは，生成する相が安定状態に至るまでの時間，温度の関係を，粉体と気相(気体)との反応モデルを用いて述べる。固体粒子と気相分子との反応には，考慮すべき要因として，(1)化学反応，(2)界面(気相，固相の濃度勾配)，(3)拡散などがあるが，

固体粒子では反応基質（気体）とどのような形態で反応するのか，またどの要素がどの場所に影響するのかといった条件を設定して反応速度式を導く必要がある。

　図4.2に，これらを考察するためのモデルを示した。こうしたモデルは**未反応核モデル**とよばれる。なお，形式上，気相は液相に置き換えても同じように考えることができる。次の化学反応によって気体の反応基質Aが固体粒子Bと反応して固体生成物AB_bを生じる場合を考える。

$$A(g) + bB(s) \rightarrow AB_b$$

　上記の3つの要因がそれぞれ，反応の速度を決める律速段階となる場合を考えると，次のように整理できる。

A. 化学反応律速（図4.3）

　気相の気体（反応基質ガス）濃度が固体表面まで一定で，未反応核の表面（界面）での化学反応が律速となる場合である。化学反応自身が律速となるのは，固体内での拡散が速く，化学反応がそれより遅いときである。

　反応式は，粒子半径をR，中心から反応界面までの半径（未反応核半径）をr，反応時間をt，反応の緩和時間（定数）をτとして，次のように表される。

$$\frac{t}{\tau} = 1 - \frac{r}{R} \tag{4.6}$$

$$\tau = \frac{\rho_B R}{b k C_A} \tag{4.7}$$

ただし，kは化学反応速度定数，ρ_Bは粒子の密度，C_Aは気体の濃度である[3]。

3　反応率と時間の関係：時間tにおける反応率x_B（成分Bの反応率）は

$$1 - x_B = \left(\frac{r}{R}\right)^3$$

から，r/Rに代入すると求められる。

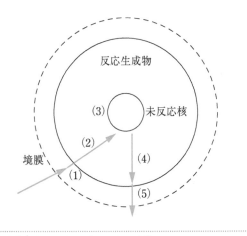

|図4.2 | 未反応核モデルと物質移動
(1)反応基質の粒子表面付近の境膜内拡散，(2)反応基質の固相生成物層内拡散，(3)未反応核界面上での反応基質の反応，(4)生成物（固相以外）の生成物層内移動，(5)生成物（固相以外）の境膜内移動。

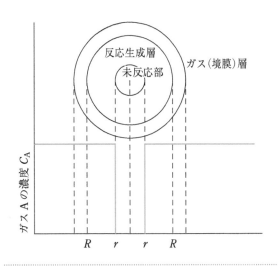

|図4.3 | 化学反応律速モデルにおける基質Aの濃度分布

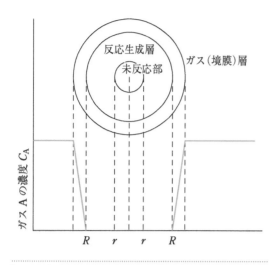

図4.4 境膜拡散律速モデルにおけるA濃度の分布

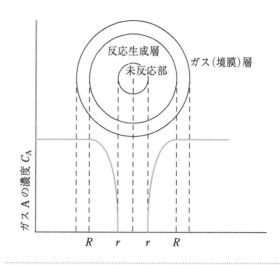

図4.5 反応生成物内拡散律速モデルにおけるA濃度の分布

B. 境膜拡散律速（図4.4）

　固相と気相の界面付近に境膜とよばれる層があり，そこで気体の濃度（分圧）に勾配がある場合，境膜での拡散が律速段階になる。気相の代わりに液相を用いても同様である。界面付近の濃度勾配のある領域では，気相や液相から，反応基質が移動してくる。例えば，炭素の酸素存在下での燃焼現象では酸素の境膜拡散によって，その速度が次のように決定される。

$$\frac{t}{\tau} = 1 - \left(\frac{r}{R}\right)^3 \tag{4.8}$$

$$\tau = \frac{\rho_B R}{3b(D/\delta)C_A} \tag{4.9}$$

ただし，δ は境膜厚さ，D は生成物内での基質Aの拡散係数である。

C. 反応生成物内拡散律速（図4.5）

　拡散現象は気相，固相の両方で生じるため，気相側ではなく，生成した固相側に拡散層があり，その拡散が律速になる場合がある。気相中での気体Bの拡散は速く，また，固相A内でのBの拡散も速いにもかかわらず，反応で生成した相において拡散が阻害されてしまうとき，この反応生成物内拡散が律速段階となる。

$$\frac{t}{\tau} = 1 - 3\left(\frac{r}{R}\right)^2 + 2\left(\frac{r}{R}\right)^3 \tag{4.10}$$

$$\tau = \frac{\rho_B R^2}{6bDC_A} \tag{4.11}$$

ただし，各記号は上記と同じである。

4.3.2 ◇ 半経験則の速度式

事例の多い金属の酸化をはじめとして，反応率と時間変化の関係については，いくつかの速度論的な経験則と特殊条件での慣用則がある。

A. 線形則

化学反応律速の反応において，反応初期で反応率Xが小さいとき，次の関係が成り立つ。

$$-\frac{\mathrm{d}X}{\mathrm{d}t} = (1-X)^n \tag{4.12}$$

右辺の近似式は$1-nX$であるので，$1 \gg X$から

$$X \propto t \tag{4.13}$$

の関係が得られる。

これは，界面での化学反応が律速となる場合に相当する。気相内の基質の分圧が一定で気相成分が供給しやすく，さらに生成した固体の密度が反応前よりも減少するような材料，例えばアルカリ金属，アルカリ土類金属の酸化において，酸化膜に割れ目が多いような場合に観測される。

B. 放物線則

固相と気相が反応する界面が生成物で緻密となり，反応基質が生成物の膜で隔てられて生成物中を拡散しなければならない場合には，拡散律速による反応となる。フィックの法則により，拡散速度は厚みxの逆数に比例する。固体が平板状か，xに対して十分大きい球である場合，密度をα，面積をS，比例定数をkとして，次の関係が成り立つ。

$$\alpha S \cdot \frac{\mathrm{d}x}{\mathrm{d}t} = \frac{k}{x} \tag{4.14}$$

$$x^2 = \frac{2kt}{\alpha S} \tag{4.15}$$

反応初期にはこのような放物線則に従う。生成物の厚みが元の材料の大きさと同程度になると，反応生成物内拡散律速同じ速度式になる。

C. ヤンダーの式

ヤンダーの式（Jander equation）はもっとも古典的な固相間の反応式である。反応$A+B \rightarrow AB$において，**図4.6**に示すように半径Rの巨大粒子Aが大過剰の微小粒子Bに囲まれ，拡散する成分がBで，反応前後のAとABでは体積の変化がない場合を考える。反応初期は，生成物層の厚みxが小さく，球ではなく平面に近似でき，生成物ABを介してAとBが接している。この界面での速度式は，時間をtとして次の放物線則で与えられる。

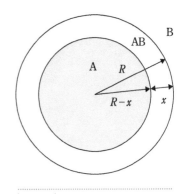

| 図4.6 | ヤンダーモデル

$$x^2 = kt \tag{4.16}$$

xの代わりに反応率Xを用いると，

$$X = 1 - \left(\frac{R-x}{R}\right)^3 \tag{4.17}$$

より，次に示すヤンダーの式が得られる。

$$\left\{1 - (1-X)^{1/3}\right\}^2 = \frac{k}{R}t \tag{4.18}$$

これは**図4.5**において，反応初期で生成物層の厚みが小さいときに相当する。

D. アブラミの式

4 ここでの活性点は，その反応が起こる粒子上の特定の場所のことである。

　固相AがBに変化する反応（相転移，相変態），もしくはA→B＋Cなどの分解反応について，反応の活性点[4]の数を考慮した反応速度式として**アブラミの式**（Avrami equation）がある。アブラミの式は生成率をα，定数をβ，時間をt，次数をnとして次のように表される。

$$\alpha = 1 - \exp(-\beta t^n) \tag{4.19}$$

nは，反応が核の生成と成長に律速されるとして，生成する固体が一次元のときには1〜2，二次元のときには2〜3，三次元のときには3〜4である。これらの値は，反応するサイトの数とその消滅に関して幾何学的配置を考慮した速度式の誘導によりそれぞれ求められる。

　金属塩の熱分解や再編型の構造相転移などでは，実験上の結果として一定時間，生成物の生成が観測されないこともある。みかけ上の誘導期間t_0があるときには，上式は

$$\alpha = 1 - \exp\left[-\beta(t-t_0)^n\right] \tag{4.20}$$

のようになり，βとnをパラメータとして現象を整理することができる。なお，$n=1$のときを考えると，βをkに置き換えた一次反応速度式と同じ形になる。

E. その他

　3乗則，対数則および逆対数則などがあり，これらは気相の分子種の吸着と反応を考慮した速度式である。反応のごく初期や触媒が関与する反応では，反応機構の速度への影響を考慮し，さらに反応活性点の形態を仮定すると速度式が求められる。反応初期には反応分子種の供給過程である境膜拡散あるいは化学反応が律速となる場合，あるいは固体側の反応種の反応や，欠陥も含めた反応種の拡散が律速となる場合がある。反応の進行とともに条件が変化したり，反応にともなって材料の複合化の形態が変化したりする場合には，時間経過によって律速段階が変わり，

みかけの速度式が変化する。こうした点を反映してみかけの速度式は複雑な関数になるが，現象を整理して制御パラメータを把握するために速度論的なアプローチが活用される。

4.4 ◆ 固相の関与する反応の微視的機構

4.4.1 ◇ 固相の表面構造と反応

　固相の反応は表面で始まる。**図4.7**(a)に金属表面の構造を模式的に示す。表面孤立原子(アドアトム)，表面点欠陥(空孔)のほかに，ステップ(1原子の平面結晶面の段差)，テラス(狭い平面の結晶面)，ファセット(狭い垂直の結晶面)，キンク(ステップの入り組み)など，表面における原子配列の特異性に応じて種々の欠陥構造がある。**図4.7**(b)にその原子配列の例を示す。表面での原子配列の違いにより異なる電子状態，異なる反応性をもつ原子が生みだされ，表面における反応活性サイトが生じる。

　金属酸化物の生成においては，原子と酸素が反応して両者の化学結合が形成される過程がある。金属表面の初期酸化は，(1)酸素の吸着と二次元表面構造の形成，(2)多層吸着層からの金属酸化物の形成，(3)酸化薄膜の成長の3つの段階からなる。酸素の吸着は化学反応と考えられ，生成する二次元表面構造もかなり安定である。酸素の吸着サイトは，金属原子からなる表面構造と強く相関する。吸着には，酸素原子の接近と，欠陥上での不完全な結合がもつ電子の酸素原子への供給が関与し，酸素－金属原子間の結合が化学的に形成される。金属表面への気体の吸着については，真空下での実験技術の向上により可能となった走査トンネル顕微鏡(STM)を用いた動的な観測により解析が進んでいる(**図4.8**)。

　酸素濃度の上昇とともに，多層吸着層があらわれる。第1層の酸素は金属上に強く吸着し，その上の層で酸素が二次元的に拡散して反応性の高いサイトに移動し，金属酸化物が表面で核生成すると考えられる。いったん金属酸化物の核が生成すれば，これらの多層吸着酸素は高濃度な酸素の供給源としてはたらき，反応は結晶内部へと進行する。

　金属酸化物の核は，表面に対して水平な方向だけでなく，垂直な方向

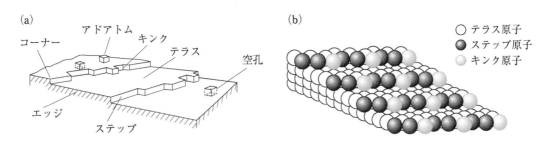

§4.7 | **固体表面のモデルと原子の配列例**

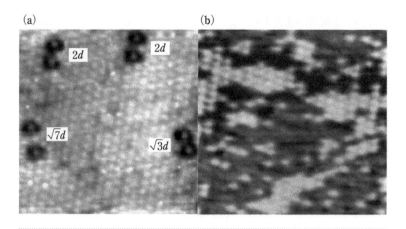

(a) (b)

2d 2d

$\sqrt{7}d$ $\sqrt{3}d$

図4.8 | 動的に観測された金属表面での酸素の反応
(a) Pt金属(111)面上の酸素分子と原子，(b) Ru(001)の二次元配列した酸素原子の走査透過電子顕微鏡(STEM)像。[G. Ertl, Angew. *Chem. Int. Ed.*, **47**, 3524–3555(2008)]

にも成長する。すなわち，金属上の酸化物膜の厚みが増加していくとき，酸素原子もしくは酸化物イオンの酸化物内を拡散することが必要となる。このときに形成される金属酸化物には2つの特徴がある。1つは金属の結晶面に対して結晶方位を合わせるように新たな結晶面が形成されやすいこと，もう1つは低次酸化物すなわち酸素数の少ない金属酸化物が先に形成されることである。

4.4.2◇トポタキシー反応

結晶学的な制限下にある化学反応では，反応前後で結晶方位が一致あるいは類似した原子の配列がみられる。これを**トポタキシー反応**(topotaxicy reaction)とよぶ。

金属が金属酸化物になる反応においては，金属の格子間に酸素原子が進入し，その濃度が表面や内部で高くなる場合には，一定割合で金属－酸素の配位構造が形成される。このとき，二次元の結晶学的な関係から金属結晶の層と酸化物の層はトポタキシーの関係になりやすい。表面上で金属酸化物の核生成がおこるだけでなく，酸素濃度が高い金属内での析出反応も生じ，母相(ここでは元の金属)との結晶学的関係が保持されやすい。表面にいったん低次金属酸化物の薄層が生成してから，酸化が進んで高次酸化物になるような場合，あるいはその反対の金属酸化物間の還元反応でも，両者の間の初期の変化はトポタキシー反応となる。

トポタキシー反応は，粉体の表面付近において反応初期にみられるが，微粒子が小さければその構造は固相(粒子)全体に及ぶ。例えば，酸化反応であるFe_3O_4–Fe_2O_3系，水や水素分子の脱離をともなう$MnOOH$–MnO_2系や$AlOOH$–Al_2O_3系などがこれにあたる。**図4.9**は，水溶液から生成した前駆体結晶$Cu_2(OH)_3NO_3$の分解反応により，元の結晶方位の影響を受けながら花弁状のCuOが生成した例であり，H_2OとNO_3が抜

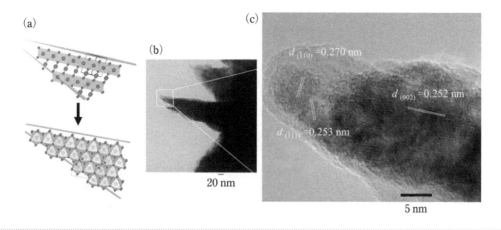

図4.9 | CuO粒子の生成
(a) Cu₂(OH)₃NO₃からCuOへの構造変化(Cu–Oの類似)。(b)(c)花弁状のCuOの電子顕微鏡像。

ける反応前後で類似した結晶学的関係を示している。

　異なる単純酸化物の反応によって複合酸化物が生成するとき，母相と生成相の結晶構造において，原子配列が類似しその体積膨張も小さい場合には，トポタキシー反応が生じる。また金属酸化物などで，金属に酸化数の変化だけが生じる単純な酸化還元反応はトポタキシー反応になりやすい。金属酸化物の還元反応や，酸素による再酸化時に酸素の出入りをともなう反応がおこる場合も，元の結晶の構造を反映した生成物が生じる。金属種が多い複雑な構造の複合酸化物や，複数の酸化数をとる遷移金属などが含まれるような複合酸化物においても同様な例は多数知られている。高温超伝導体 $YBa_2Cu_4O_7$（YBCO）系などでは，陽イオン格子を維持したまま酸素の量を変え，銅イオンの電荷量が変化し電子伝導にかかわる格子の電子密度を変化させることができ，電子物性が制御できる。

　異なる金属種を含むAとBによる反応 $xA + yB \rightarrow A_xB_y$ では，反応後に金属（イオン）の配列が新たに生じる。AとBの両者が互いの結晶格子内に入り込む相互拡散をともないながら反応が進む。結晶構造の大きな再編を必要としない固相反応の駆動力は，反応初期はA–B界面での金属種の化学ポテンシャルの差であるが，反応が進んだ後はAと A_xB_y，A_xB_y とBの各相界面内における金属種の化学ポテンシャル差である。A相内の化学種の拡散が速ければAB相はB相内に形成されやすい。母相Aまたは Bと生成相 A_xB_y がトポタキシーの関係になるとき，金属（イオン）などの速い拡散種を受け入れる側の相が母相となる。しかし，多くの場合，拡散は片側の相だけで優先して生じるのではなく，両相が相互に拡散する。

　スピネル構造をもつ化合物が生成する次の反応では，酸化物イオンが共通で，金属イオンの移動が反応に関与する。

$$NiO + Al_2O_3 \rightarrow NiAl_2O_4$$

反応する結晶相内における金属イオン Ni^{2+} と Al^{3+} をそれぞれ考慮すると，上の反応式は次のように分割することができる。

$$2Al^{3+} + 4NiO \rightarrow NiAl_2O_4 + 3Ni^{2+}$$
$$3Ni^{2+} + 4Al_2O_3 \rightarrow 3NiAl_2O_4 + 2Al^{3+}$$

イオンが移動しても結晶内の電荷は保持され，各出発相の場所で生成物層が生じるとして反応を考えると，さらに次のように表される。

$$4NiO + 4Al_2O_3$$
$$\rightarrow NiAl_2O_4(NiO\,相内) + 3NiAl_2O_4(Al_2O_3\,相内)$$

すなわち，$NiAl_2O_4$ は Al_2O_3 側で多く生成する。もし特定結晶面での整合性があれば，そのいずれかの界面でトポタキシー反応がおこりうる。しかし，反応初期にもっているトポタキシー関係は，反応が材料内部まで進むと失われる。さらに多結晶体になると，そのような界面は限られ，またこれら3つの相の結晶構造は異なっているため，各相は構造の再編をともないながら反応を進行させる。なお，陰イオンが共通でないときは陰イオンもまた複合的な拡散をする。一方，拡散種が特定されないときには，このような機構に関する考察はできない。

4.4.3◇固相間反応と微細構造

　生成相の結晶構造が元の結晶構造と異なり，生成物内でそれぞれイオンが新たに導入されるとき，局所的にそのつど安定なサイトをもつ配位構造が生じ，やがて全体に生成相が生じる。両方の結晶内の化学種の拡散によって結晶構造が再編され，新たな生成相が形成されていく場合，化学反応の ΔG が比較的小さくても，結晶粒子を越える拡散がおこりにくいと，反応速度式から見積もられる固相反応のみかけの活性化エネルギーは大きくなる。その結果，状態図において安定な条件でも，固相反応がおこりにくいことがある。

　こうした固相が関与する反応の微視的機構の解明においては，生成した組織の観察により反応を支配する因子を決定することが多い。数 nm 以下の核生成時に着目するか，数十 μm～数 mm の巨視的な組織形成に着目するか，あるいは，0.1 μm～10 μm 程度のその中間的な組織に着目するかによって，異なる情報が得られる。結晶粒より大きいスケールでその反応のようす，例えば多結晶材料の界面での反応層の生成および成長をみると，界面からそれぞれの内部に向けて反応層が生成するようすが観測される。

　反応における各成分の拡散の違いや拡散係数を測定する手法として，**拡散対**を用いた実験が行われる。拡散対は，反応させようとする固体A

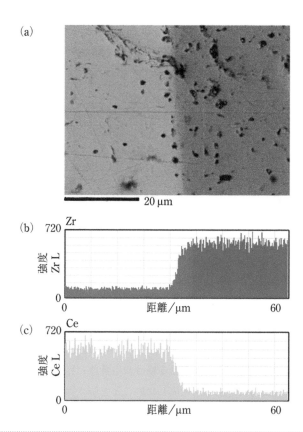

(a)

20 µm

(b) 720 Zr

強度
Zr L

0
0　　　　距離/µm　　　　60

(c) 720 Ce

強度
Ce L

0
0　　　　距離/µm　　　　60

図4.10 Ce$_{0.8}$Y$_{0.2}$O$_{1.9}$とZr$_{0.8}$Y$_{0.2}$O$_{1.9}$の拡散対の界面付近の(a)電子顕微鏡像と(b)，(c)組成分布

とBを平滑な界面で接着したものである。簡単な事例として，同じ結晶構造をもつ固相どうしで組成が変化するだけの反応を見てみよう。このときの成分の濃度変化は主に相互拡散係数で説明できる。固相間の反応における反応層や拡散現象のパラメータは，次の式で求められる。

$$C(x,t) = \frac{C_1}{2}\left[1 + \text{erf}\left(\frac{x}{2(Dt)^{1/2}}\right)\right] \tag{4.21}$$

$$D = D_0 \exp\left(-\frac{\Delta H}{RT}\right) \tag{4.22}$$

Cは時間tおよび距離xでの濃度，C_1は初期濃度，erf(　)は誤差関数，Dは拡散係数で，D_0は係数，ΔHは拡散の活性化エンタルピー，Rは気体定数，Tは温度である。

　対のA, B両方が同じ拡散速度のときには界面から対称的な濃度分布になる。相互の拡散速度が大きく異なることもあり，その際には生成相ははじめの接着界面付近から移動し偏って生じる。このように，最初の界面が相対的に移動したように観察されることを**カーケンドール効果**（Kirkendall effect）という。

　図4.10は，Y$_2$O$_3$-ZrO$_2$固溶体とY$_2$O$_3$-CeO$_2$固溶体間の拡散対を加熱することで形成された界面付近のようすをSEM（走査電子顕微鏡）とそ

の元素分布分析で観察した例である。ともに蛍石型構造である固溶体間においてZr^{4+}とCe^{4+}の格子内拡散のしやすさはかなり近く，両者は格子内を相互に拡散して界面でY$_2$O$_3$–ZrO$_2$–CeO$_2$系固溶体（拡散層）を形成する。

　このように固相の関与する反応を微視的（ミクロ）に見れば，原子，分子レベルの化学反応で，その駆動力は，反応ギブズ自由エネルギー変化である。さらに，固相内の原子レベルの配列とそれに影響された拡散が化学反応とその速度に影響する。ここでとくに結晶構造が影響するのは，形成された界面での界面エネルギーの寄与が，全体の反応に要するエネルギーに対して大きな割合を占めるような場合である。さらに，固相間反応では，多くの場合，生成物の核生成の後，その成長や粒界移動，焼結をともない，反応の進行とともに初期の界面が失われていく。拡散をともなう濃度変化とその後の固相反応は，粒子径より1桁以上大きいスケールにおける組織再編をもともなう。この場合は，拡散は粒内だけでなく粒界や粒界相（添加物により生成）でもおこり，結晶構造以外の要因もある。反応界面での原子やイオン，欠陥の物質移動に着目した反応機構については，反応層を形成させる場合や電極など界面を利用する場合あるいは速度論的に平衡相が生成しないことを防ぐ場合など，その必要性が生じたときにそれぞれ詳しく検討される。

4.5 ◆ 核の生成と粒子の成長

4.5.1 ◇ 核生成速度

　過冷却状態や過飽和状態における均一核生成は，どれくらい平衡条件からずれた条件で核生成するかによって核生成速度が決まる。核生成反応の活性化エネルギーに相当するエネルギー障壁は，核生成の臨界径におけるΔG^*であると考えられる。この障壁高さは，3.2節のΔG^*についての式(3.32)へPによるΔG_Vの表式(3.33)を代入することで，次のように表される。

$$\Delta G^* = \frac{16\pi\gamma^3}{3[RT\ln(P/P_0)]^2} \qquad (4.23)$$

反応速度定数kは，アレニウスの式(4.2)の活性化エネルギーEの代わりにΔG^*を用いて，次のように表される。

$$k = A\exp\left[-\frac{16\pi\gamma^3}{3RT[RT\ln(P/P_0)]^2}\right] \qquad (4.24)$$

　したがって，核生成速度は過飽和比(P/P_0)に大きく支配されることがわかる。過飽和度（あるいは過冷却度）が大きくなると障壁が小さくなり，kは急激に大きくなる。相変化にともなう核生成では，固体−液体−気体の3つの状態を示す状態図で，相境界を切る条件での過飽和，過冷却域の幅（過飽和度）が核生成の駆動力となり，核生成速度を高める。

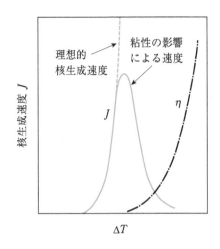

逆に，過飽和度が非常に小さい条件では，核生成が抑制され，すでに生成した核上への成長がおこりやすい。

核生成速度を左右するもう1つの因子に頻度因子がある。頻度因子の減少は反応基質の衝突確率の減少に対応し，核生成速度は低下する。過冷却状態では，温度が低くなるにつれて液体の粘性が高くなり衝突頻度が減少するので，核生成速度はいったん大きくなるが，さらに温度が低下すると小さくなる（**図4.11**）。

4.5.2◇結晶成長

生成した核の結晶面上に化学種（原子，分子，イオン）が移動し，結晶面ごとにその結晶が大きくなる過程が**結晶成長**（crystal growth）である。結晶成長の駆動力は，固相が生成したほうが，液相に溶解あるいは気相にいるよりも安定であることである。過飽和条件では，化学種が固相にあるほうが安定であり，化学ポテンシャルμは固相のほうが小さい。

結晶成長過程では，反応にかかわる化学種の結晶上への拡散，吸着，励起（活性中間体の生成），会合（固体表面の一部になる過程）の各段階を経て進行する。反応の活性化エネルギーは化学ポテンシャルの差$\Delta\mu$と同程度がそれ以上で，$\Delta\mu$は過飽和度が大きいほど大きい。核生成と同様，結晶成長速度は過飽和度に依存する。冷却による結晶成長操作では，過冷却状態あるいは過飽和状態をつくり，その駆動力を利用する。

一方，結晶成長している界面付近には濃度差がある。例えば溶液から固体上に溶質が拡散して成長すると考えると，初期と成長後の粒径をそれぞれd_0とd，定数をk，時間をtとして，次のような関係がある。

$$d^2 - d_0{}^2 = kt \tag{4.25}$$

それぞれの結晶面で原子の面密度に違いがあるので，成長に必要な原子数は成長面に依存する。加えて，ステップや転位などの欠陥もあり，

結晶成長に供給される原子数も異なる。例えば，4.4.1項で考えた金属表面に酸素が反応して金属酸化物が生成する反応の場合，結晶成長にかかわる化学種の酸素が結晶上に二次元的に配列して，さらに表面に対して垂直な方向に金属酸化物結晶の成長がおこる。結晶成長が生じるためには酸素の圧力が吸着平衡となる圧力よりかなり高い，すなわち過飽和度が大きいことが必要になる。次に結晶面に吸着した酸素が面上を移動する過程で，ステップの端にたどり着き，そのステップから表面に対して平行な方向に結晶成長がおこる。このように結晶成長は，生成した核の局所的な状況に依存し，その総和としての核の粗大化がおこる。

それぞれの粒子が結晶面を反映した形をもっている場合には，核生成の後に結晶成長がおこって1つの核から粗大な粒子に成長したことを示している。しかし粒子生成では，結晶成長と粒子どうしが集まって大きくなる凝集成長が競争的におこり，通常の沈澱法であればかなり慎重な操作をしても凝集成長（4.5.4項参照）がおこる。このように生成した粒子の形態や構造の観察によって粗大化の過程を推察できる。

結晶成長技術は，単結晶やデバイスの作製に不可欠な技術である。種結晶を用いて，ゆっくりとした成長速度で，結晶面上に二次元的な成長を促し，大きな結晶を育成することで単結晶が得られる。シリコン（Si）単結晶をはじめ，金属，金属酸化物，金属窒化物などの結晶を用いた多くのデバイスが結晶成長によって製造されている。

4.5.3◇オストワルド熟成

核生成が進むにつれて，核生成の熱力学的な条件が変化することに起因する粒子の粗大化現象がある。核生成過程における自由エネルギー変化の表式について，$r*$をΔG_Vにより表した式（3.31）に，ΔG_Vと過飽和状態との関係を示す式（3.33）を代入すると，次のような関係が得られる。

$$r* = \frac{2\gamma}{RT \ln(P/P_0)} \tag{4.26}$$

液相から固体粒子が生成するときは，圧力Pの代わりに濃度C（正確には活量a）になる。核生成反応が進むと，気相（液相）中の固体前駆体の濃度が下がり，その結果，過飽和度P/P_0-1が低くなる。ここで，新たな臨界径$r*$を決めるのは，反応が進んだ後の過飽和状態の濃度である。すなわち，核生成が進むとP/P_0が小さくなるので，臨界径が大きくなる。このように核生成の進行とともに臨界径が大きくなった後は，それより小さい粒子が安定である条件が失われ，臨界径未満の小さい粒子は再び溶解することになり，粗大な粒子だけが残る。一方，溶解した成分はすでに存在する粗大粒子上に，その粒子をさらに大きくするようにして，結晶成長に関与する。これらの変化は，みかけ上小さい粒子が溶解し，大きい粒子が生成してきたように観測される。こうした沈澱物粒子の経時的な粗大化現象を**オストワルド熟成**（Ostwald ripening）とよ

ぶ。固相内析出物の粗大化や液相焼結時の粒成長も同様な機構による変化である。オストワルド熟成の粒成長速度については，d_0, d を初期と成長後の粒径，k を定数，t を時間として，次のような関係がある。

$$d^3 - d_0{}^3 = kt \tag{4.27}$$

4.5.4◇凝集成長

凝集成長(agglomeration)は，すでに生成した核が拡散により互いに接近・衝突して，その合体によって付着して粒径を大きくなるみかけの成長反応である。固体表面どうしにはファンデルワールス力がはたらき，いったん粒子どうしが付着してしまうと再び離れるにはエネルギーが必要である。さらに，熱的に粒子表面で原子の拡散がおこり，粒子の接触点が大きくなる場合もある。粘性の低い気相や液相内でとくによくおこり，一般に粉体の作製ではほとんどの場合，この凝集成長を経ている。粒子の移動は主に粒子のブラウン運動による。その他の移動の要因には溶媒などの乱流渦やその速度勾配，粒子の慣性運動がある。

凝集粒子は，そのもとになる最初の核に相当する一次粒子が集合して二次粒子になるため，粒子には特有の構造が生まれる。球状粒子のブラウン運動（数学的にはランダムウォーク）による凝集には，拡散と分子運動論を組み合わせることによって，次の式で表される特徴があることが知られている。

$$N = A\left(\frac{d}{d_\mathrm{i}}\right)^D \tag{4.28}$$

ここで，N は二次粒子に含まれる一次粒子の数，d_i はその一次粒子の粒径，d は凝集粒子の粒径，A は比例定数で，D はフラクタル次元である。フラクタル(fractal)は，マンデンブロ(B. Mandelbrot)による造語で，特

|図4.12| **フラクタル構造（計算機により生成させたもの）**
[高安秀樹，フラクタル科学，朝倉書店(1987)]

徴的な長さをもたない図形や構造，現象の総称である。スケールを変え
ても相似形の特定構造（フラクタル構造，**図4.12**）があらわれ，その特
徴はフラクタル次元で示される。二次元的な凝集成長では，$D = 1.7$で
ある。

　凝集成長は結晶の表面での物質移動や反応ではなく，ブラウン運動を
もとにした拡散によって律速されるので，拡散律速凝集（difffusion lim-
ited aggremeration, DLA）ともよばれる。フラクタル構造の存在は，細
孔や粒子凝集構造をX線小角散乱法などで調べることにより確認でき
る。

4.6 ◆ 溶液からの生成反応

　溶液を利用して無機材料を作製する方法は実験室でも工業的にも重要
であり，とくに原料粉末を合成するための水溶液法は液相反応のもっと
も重要な技術の1つである。溶液は溶媒と溶質からなり，溶質が原料と
して利用される。

4.6.1 ◇ 溶媒に溶解した溶質濃度

　平衡状態において，純粋な固体溶質と溶液中の溶質の化学ポテンシャ
ルは等しい。温度Tで液相Aに成分Bが溶解しているとき，理想溶体を
想定した熱力学によって導かれる成分Bの分率x_Bは，成分Bの融点を
T^*，融解のエンタルピー変化をΔHとして，次のように表される。

$$\ln x_B = \frac{\Delta H}{R}\left(\frac{1}{T^*} - \frac{1}{T}\right) \tag{4.29}$$

成分Bの分率x_B，すなわち溶質の溶解度は温度（溶質の融点から降下）に
対して指数関数的に減少する。溶解・析出の現象では，融点の代わりに
溶解のエンタルピー変化を考えると同様に溶解度曲線を見積もることが
できる。

　しかし，実際の材料では，このような簡単な熱力学モデルにもとづい
て正確に状態の記述を行うことは難しい。溶液中の各成分の活量のほか，
多くの相互作用，とくに溶媒−溶質間の相互作用が，元素，化学種の組
み合わせによって異なるためである。溶解度に実測データを用い，活量
に個々の物質系について測定した値を用いる。実際の必要上，身近にあ
る溶液内の溶質や原料を使って固体を作製（沈殿）するときには，その制
御を物性値を参照せずに経験的に行うことも多い。

　なお，核生成現象は，核生成で用いた過飽和度を，溶質の溶解度に関
する過飽和度に置き換えると同様に扱える。過冷却の場合は過冷却度と
なる。

4.6.2◇化学反応が関与しない粒子生成

　溶解度曲線を使って，化学反応が関与しない粒子生成の条件および操作を説明する。**図4.13**に，溶質が溶液に溶けるときの温度と溶質濃度の関係を示す溶解度曲線を模式的に示す。溶解度曲線より高濃度側には過飽和溶解度曲線があり，実際に粒子が生成し始める条件を示している。この2つの曲線の間は準安定領域であり，この領域に溶液を置くか，不溶条件の不安定領域に溶液を移すことで，核生成，粒子・結晶成長をさせることができる。温度を下げ，過冷却状態から不溶領域としてもよい。

　溶解度曲線の図において，溶質濃度を上げるには，溶媒量を減少させる。すなわち，相対的に溶質濃度を高めて過飽和条件として粒子生成する方法が溶媒除去法（乾燥法）である。溶媒を除去して溶質が溶解しない領域にさせるためのもっとも簡易な操作は，温度を上げて蒸発させることである。

　図4.14は水の三態を示す状態図に溶質（金属塩）が溶解しているときの水溶液を書き入れた図である。温度を上げて水溶液から水溶液＋水蒸気，さらに金属塩＋水蒸気の領域に移すことでも粒子を生成することができる。溶液を高温の空間に噴霧することで液滴を乾燥させて球形状の粒子を得る方法は，噴霧乾燥法（スプレードライ）とよばれる。この方法は，すでに生成した粒子の再凝集や形状制御，さらには細孔制御のような反応をともなわない粒子生成法としても用いられる。細粒を水に懸濁させた溶液から，形状を適度に制御しながらその粒子の集まった凝集体を作製するもので，工業上の工程（造粒）にも利用される。

　金属塩水溶液に，金属塩の熱分解温度以上の高温で溶媒除去法を適用すると，金属塩の核生成につづいて塩の熱分解反応をともなう。これと

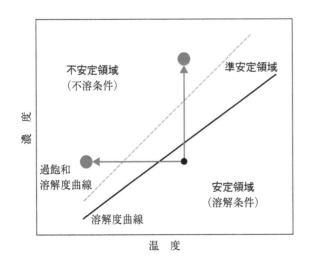

| 図4.13 | 溶解度曲線と固相粒子生成操作

上方向は溶媒量を減少させて濃度を増加させる条件，左方向は冷却させて溶解度を低下させる条件である。

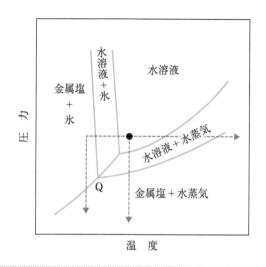

図4.14 水の三態と溶解度を利用した粒子生成方法の原理

溶液を液滴状に噴霧する操作を組み合わせる粉末作製法は，噴霧熱分解法とよばれる。もし，この操作を空気中や酸素雰囲気中で行い，酸化反応が同時におこるようにすると，金属酸化物粒子が生成する。

溶解度曲線の図において，温度を下げて溶解しない領域に析出させる方法を冷却法とよぶ。この方法では，溶解度が温度の低下とともに下がることを前提としている。さらに，凝固点以下にまで冷却して金属塩＋氷とした後，氷と粒子の混在した状態から水の状態図で気固境界を利用して圧力を下げ，氷だけを昇華させて金属塩を残存させる方法を凍結乾燥法（フリーズドライ）とよぶ。分散した氷が昇華するため，多孔性の凝集粒子を作製できる。あらかじめ生成した粒子と水の混在した状態の混合物を凍らせた後に乾燥することで，多孔性の粒子を作製することもできる。

また，溶液を真空中などの低圧下に置き，溶媒を蒸発させる方法を真空乾燥法とよぶ。さらに，水の代わりにCO_2の状態図を利用して同様な操作を行うこともできる。CO_2の臨界点が室温付近であるという特徴を利用して，圧力を調整して，原料や粒子とCO_2の混合物をCO_2の臨界点を超えた条件に移してから溶媒を除去する方法を臨界点乾燥法という。

4.6.3◇化学反応が関与する粒子生成：水溶液中での沈殿生成

水溶液からの物質生成は，金属イオンの水和，水中での新しい結合をもつ化合物の生成，さらには水による水素結合などの溶媒の影響がある複雑な反応系となる。無機物の多くはイオン性で，水に溶けて電離する電離平衡を示すため，濃度だけでなく，解離度やpHも関係する。これまで見てきた状態図を用いた説明のように，溶解現象や溶質からの固体

生成のような現象を単純化することは難しい。溶解現象においては分子間の相互作用を無視できず，化学反応を考えるとその記述がさらに難しくなるので，反応論にもとづく統一的な説明はほとんどなされていない。

そこで，実用的な観点から，2つの過程に分けて考えるとよい。1つは，水溶液中の化学種でおこる反応である。もう1つは，生成物の濃度変化とそこからの固相の生成，すなわち核生成と成長の段階である。水溶液中での無機材料の化学合成では，前者の化学反応によって前駆体濃度を高くして過飽和状態とし，生成物が溶解しない条件で核生成させて，固体析出物とする。したがって，出発物・生成物，反応の種類や反応条件，操作手順によって多種多様な方法が考えられる。

ここでは，酸塩基反応と酸化還元反応について説明する。水溶液中に溶解した化学種が安定な状態にあるための条件は，水溶液中の状態をまとめた電位−pH図によって知ることができる。まず，単純な酸塩基反応のみによって電位に関与しない水中の電離した化学種の反応がある。一方，酸化還元反応には，電離した化学種の電気化学反応としてH^+が関与する場合がある。このときはpHに依存した酸塩基反応となる。

過飽和状態によって沈澱を生成する化学反応の例として，以下のような金属水酸化物の生成反応を考えよう。

$$M^{n+}(aq) + nOH^- \rightarrow M(OH)_n(s)$$

この反応では，$M^{n+}(aq)$とOH^-が電離して水中に溶解する限界のとき，両者の積である溶解度積K_{sp}は

$$K_{sp} = [M_n^+][OH^-]^n \tag{4.30}$$

と表される。沈澱$M(OH)_n(s)$は，この値より高い濃度条件（とくにpHに相当する$[OH^-]$が高い条件）で生成する。

上の反応を酸化還元反応として表すと，酸化反応と還元反応の2つの反応の組み合わせとなる。ただし，pHは一定とする。

$$M^{n+}(aq) + ne^- \rightarrow M(s) \qquad\qquad E_A^\circ$$
$$M(OH)_n(s) + ne^- \rightarrow M(s) + nOH^- \qquad\qquad E_B^\circ$$

2つの反応の酸化還元電位をそれぞれE_A°，E_B°とすると，溶解度積K_{sp}との間に次の関係がある。

$$\ln K_{sp} = \frac{nF}{RT}(E_B^\circ - E_A^\circ) \tag{4.31}$$

$M(OH)_n(s)$は$E_B^\circ - E_A^\circ$より大きい電位Eで生成する。金属酸化物などで膜状の材料を作製するには，電位−pH図によって生成条件を調べ，基板上でその化学種（金属，金属酸化物など）への核生成，溶液と界面での拡散，化学反応律速の影響を考慮しながら膜生成を制御する。界面での電気化学反応は溶液中でのイオンの局所的な流れや電位（過電圧）などに

より複雑となる。

　均質な溶液からの生成反応では，これらの反応の進行は沈殿や固体の生成をもって確認することが多く，核生成過程のみに直接目が向けられないこともある。しかし，反応は少なくとも2段階，すなわち化学反応による前駆体の生成がまずおこり，続いて固体の核生成・成長が連続しておこっている。

　さらに核生成の前段階の反応として

$$\mathrm{M}^{n+}(\mathrm{aq}) + n\mathrm{OH}^- \rightarrow \mathrm{M(OH)}_n$$

を考えると，$\mathrm{M(OH)}_n$はpHが高い状態で，固体ではなく分子あるいは分子量の小さい重合体として生成し，その濃度は$\mathrm{M}^{n+}(\mathrm{aq})$の初期濃度によって変化し，pHの上昇によって増大する。H^+濃度の関与する電離平衡において，$\mathrm{M(OH)}_n$が安定域にあるにもかかわらずその沈殿生成が認められない場合，前駆体が生成した過飽和状態となっており，核生成直前でのpH条件であと少しで不溶になる。すなわち，$\mathrm{M(OH)}_n$はすでに巨大な分子へと重合しており，核生成時の核として出現するとともに核成長時の溶質成分の供給源にもなる。

　沈殿生成前の溶液中の溶質濃度は，理想的には溶液全体で均一であるはずだが，実際には，局所的に濃化した場所も存在する。溶液内で部分的にあらわれた過飽和状態の領域から順に，均一核生成などが生じて微粒子があらわれる。核生成速度は過飽和度に強く依存し，pH変化による化学反応が連続しておこっている。過飽和度が急速に上がり，核生成速度が著しく高まると，多くの核が存在するようになる。同時にそれらの核から結晶成長して大きな粒子が生成する。この段階では，粒子が独立して得られるが，さらに反応が進むと，大きな粒子上への不均一核生成や凝集成長がおこり，全体として粗大な沈殿粒子が生じる。

　沈殿剤の添加による沈殿反応では，水溶液中の化学種を含んだ不溶性の化合物を生成させるために，OH^-以外の化学種を新たに水溶液中に添加することで生じる化学反応を利用する。このような場合は，単純な電位－pH図に対して，沈殿剤による酸化還元反応や酸塩基反応を考慮する必要がある。例えば，OH^-に加えて，化学種Lを反応式に組み込み，LのH^+に対する影響を加味する。なお，沈殿のサイズを制御するため，核生成因子に影響するような化学種（例えば増粘剤や界面活性剤）を含ませることもできるが，これらは化学反応自体にしないので，電位－pH図に対する影響は考慮しないでよい。

　こうした生成物の性状，例えば粒径や凝集状態や，二成分系以上では不均一性や化学量論性を制御するためには，核生成過程を理解して作製条件の検討を十分に行う必要がある。

物質が不明のままノーベル賞

1986年のノーベル物理学賞はベドノルツとミュラーによる高温超伝導体の発見に対して与えられた。この物質は，のちに日本の研究者らの貢献によりK_2NiF_4構造の$(La,Ba)CuO_4$であることがわかったが，発表論文ではこの化合物が何であるかは不明のまま，組成$Ba_xLa_{5-x}Cu_5O_{5(3-y)}$（$x=0.75$）であるとされた。彼らは，論文でこの物質の合成には前の論文と同じ方法を用いたと記している。その方法の概略を図に示す。

均一な沈殿を得ることを目的として共沈法を用いている。アルカリとして$(NH_4)_2CO_3$水溶液を加えており，炭酸水酸化物塩が生成する可能性があった。しかし，熱処理した$LaAlO_3$–$SrTiO_3$系はその固溶体が安定であり，それらの分解と固相反応を介して固溶体が合成できた。一方，$LaCuO_3$–$BaCuO_4$系（Cu^{2+}，Cu^{3+}共存）では，炭酸ランタンや炭酸バリウムが生成する可能性があるうえ，この系のペロブスカイト型固溶体は銅イオンの安定性が低く，構造的にも生成せず，別の結晶構造をもつ$(La,Ba)CuO_4$が安定に生成してしまったが，これが超伝導性を示したのである。物理学者が，慣れない化学的手法による実験で仮想的な新物質を自ら合成しようとした努力によって，高温超伝導現象の新発見という結果につながったという事例である。

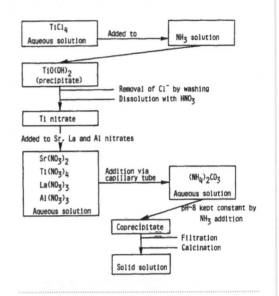

| 図 | 金属硝酸塩水溶液に$(NH_4)_2(CO_3)$水溶液を加える沈殿法による$LaAlO_3$–$SrTiO_3$系固溶体の作製手順

[J. G. Bednorz *et al.*, *Mat. Res. Bull.*, **18**, 181–187(1983)]

4.7◆焼結

4.7.1◇焼結の過程

焼結（sintering）は，粉体の集合体が加熱によって塊状となる現象である。粉体を加熱する温度と材料の密度の関係から，焼結を定量的に調べることができる。粉体を成形した成形体（圧粉体，green body）は，その原料の結晶に比べて低い相対密度（50〜60%程度）をもつことが多いが，これを加熱すると焼結現象がおこり，成形体が収縮して密度が高くなる。一般的なセラミックス材料では，焼結操作によって100%に近い相対密度をもつ緻密な材料がつくられている。

棒状の成形体を用意し，熱膨張計を用いて測定すると，加熱による長さの変化を評価することができる。一定速度で昇温していき，各温度で保持した材料の密度を測定してその結晶の密度と比較し，相対密度を見積もる。温度に対して相対密度をプロットした図が**焼結曲線**（sintering

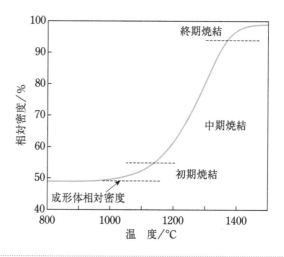

| 図4.15 | 焼結曲線

curve)である(図4.15)。典型的な焼結曲線はS字型を示す。

　収縮率(相対密度変化)が約5%以下の初期段階を初期焼結，S字の中間の領域を中期焼結，変化が横ばいとなる最終段階を終期焼結という。これらの3つの段階には，以下のような特徴がある。

(1)初期焼結

　粒子の接触部が首(ネック)状に太り，粒子間の距離が接近して，わずかに収縮する。なお，焼結機構によっては，収縮しない場合もある。

(2)中期焼結

　ネック部の幅が広がり，粒子間がさらに接近するとともに，全体が急速に収縮して，焼結が大きく進む。粒子間の開孔(材料の外側までつながった孔)が小さくなり，粒界の長さの増大とともに，粒界移動(粒成長)がおこり，孔の一部が閉じ込められ閉孔になる。

(3)終期焼結

　閉孔の消滅をともない，少しずつ緻密化が進むが，さらに急速な粒成長がおこる場合がある。

　焼結の過程では，粒子どうしが合体し粒子間の空孔を生じ，それらが消滅して，緻密化，粒成長にいたる微細構造の変化がみられる。実例として，**図4.16**にCeO_2微粒子の焼結過程における組織の変化のようすを示す。600℃までは変化がなく，950～1200℃の間で粒子の間の孔が消えて緻密になっていく。1300℃からわずかに粒成長をともなって組織が変化し，1450～1600℃の間で最終的な緻密化と粒成長が進む。後で述べるように，本来，緻密化(焼結)と粒成長は別の現象であるが，温度1000℃を超えて加熱された実際の圧粉体ではしばしば両者が同時に進行する。

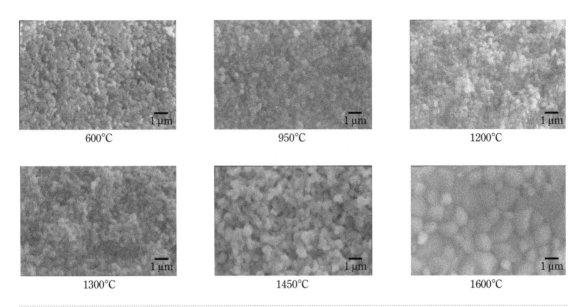

図4.16 **CeO₂微粒子の焼結過程における組織の変化**

4.7.2◇焼結の駆動力

　粒子間の焼結の駆動力は全体の表面自由エネルギーの低下である。
図**4.17**は，3つの粒子が接触して，その接触点付近が太り焼結するよう
すを示している。粒子がそれぞれ独立した状態，さらには粒子が接して
いる状態から，界面が形成されて粒界で接する状態になると，全体の表
面積は減少する。これにより，総表面自由エネルギーが小さくなり，そ
の分だけ安定になる。

　曲率半径x，rをもつ固体粒子の表面におけるギブズ自由エネルギー

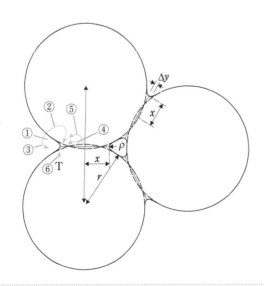

図4.17 **焼結する粒子の幾何学的モデル**

rは粒子半径，xは接触したネック部の半径。図中の数字は物質移動の経路で，①表面拡
散，②体積拡散，③蒸発凝縮，④粒界拡散，⑤空孔拡散，⑥転位移動。

変化ΔGは，分子容をv，単位面積あたりの表面自由エネルギーをγとして，次のように表される。

$$\Delta G = v\gamma\left(\frac{1}{x} + \frac{1}{r}\right) \tag{4.32}$$

体積変化を無視すれば，$\Delta G = \Delta A$で（Aはヘルムホルツエネルギー）である。微粒子の表面形状は曲率半径の小さい曲面であるが，粒子が大きくなったり，接合してその界面が形成されたりすると自由エネルギーが小さくなる。曲面から平面への移行にともなうΔAは負となり（γは常に正），界面形成と粒子の合体・粗大化が進行する。純物質（単体もしくは化合物で，他の成分が添加されていない）の焼結の駆動力はこのような形態の変化である。したがって，化学変化をともなわなくても焼結はおこる。しかし，焼結速度を高めるために実用上は添加剤が利用され，微小な部分で化学変化をともなうことがある。

粒子からその成分が蒸発するような場合には，その蒸気の圧力差が駆動力となる。$A = -RT \ln P$から，平面での平衡蒸気圧P_0と粒子上での圧力Pの比P/P_0は次のように表される。

$$\ln\left(\frac{P}{P_0}\right) = \frac{v\gamma}{RT}\left(\frac{1}{x} + \frac{1}{r}\right) \tag{4.33}$$

また，蒸気が生成して固体内に空孔が残り，その濃度が増加する場合を考えると，粒子の空孔濃度をn，平面での平衡空孔濃度をn_0，アボガドロ数をN_Aとして，上の式は1モルの物質について次のようになる。

$$N_A\left(\frac{n - n_0}{n_0}\right) = \frac{v\gamma}{RT}\left(\frac{1}{x} + \frac{1}{r}\right) \tag{4.34}$$

このように，蒸気圧や空孔濃度は，粒子の曲率により決まるので，これらの差が焼結での界面の形成や粗大化のための駆動力になっていることがわかる。

4.7.3◇初期焼結の速度式

初期の約5%までの収縮段階を扱う初期焼結については，上記の各種の因子と物質移動の経路を組み合わせた焼結理論にもとづく速度式が知られている。焼結理論は，均一な連続体粒子の熱力学を前提としているので，厳密には結晶で異方性のあるような粒子や原子レベルでの構造変化から理解される焼結現象には適合しない。また，焼結助剤を添加した複合系などの実際の材料でよくあらわれる焼結現象とは合致しない点もある。

2粒子間の焼結については，**図4.17**のように，粒子中心から粒子どうしが接触する点までの半径xの経時変化を一般化した次のような速度式にまとめられている。

$$\frac{x^n}{r^m} = kt \tag{4.35}$$

|表4.1| **焼結機構の分類と支配因子および速度式のパラメータ**
（式（4.35））

機構の種類	Pの表すもの	n	m
(1)蒸発凝縮機構	蒸気圧	3	1
(2)溶解析出機構	溶解度	5	2
(3)空孔拡散機構	空孔濃度	—	—
(4)流動機構(粘性，塑性)	圧力	2	1

ここで，kは反応定数，tは時間である。パラメータn, mはそれぞれの焼結機構ごとに**表4.1**に示す値が対応する。上記のように，曲率変化には物質の移動が必要であり，その因子としては蒸気圧，空孔濃度，溶解度などがある。蒸気圧は，溶液での溶質濃度に置き換えられる。また，表面張力を考え，そこにはたらく応力を因子とすることもできる。

　焼結前の粉体を細い棒状に成形すると，粒子中心点間距離はその幾何学的関係から求められ，一列に連なった粒子の焼結による長手方向の長さ変化(収縮)とみなせる。収縮率と時間の関係を表す焼結曲線と一致する速度式から焼結機構が推察され，焼結曲線と実際の焼結機構の一致が示されている例もある。現在では，この方法には機構を決められるほどの精度はないとされているが，材料の焼結特性を整理するためにこのような現象的な速度式は役立つ。

4.7.4◇粒成長と孔の消滅

　焼結にともなう粒成長の駆動力は，曲率半径の違いによる自由エネルギーの差である。上記のように界面を形成したときの界面エネルギーは粒径dに反比例する。粒成長速度が粒径に比例するとすると，粗大化の速度は次のように表される。

$$\frac{\mathrm{d}(d)}{\mathrm{d}t} = kd \tag{4.36}$$

$$d^2 - d_0{}^2 = 2kt \tag{4.37}$$

　粒子集合体での粒成長では，しばしば粒子界面で小さい粒子が消滅するような粒成長がみられる。焼結終期での粗大化は粒界移動現象としてみることもできる。粒界移動度は界面付近にある介在物の数にも関係する。介在物の1つには取り残された空孔がある。介在物や空孔は，粒成長にともなう粒界移動で引っ張られて粒界上や3つの粒子が接する点(三重点)に移動する。熱力学的には空孔径の減少は粒成長の逆現象として記述され，三重点に集まった空孔は，粒界を通じて物質移動により小さくなって消滅する。しかし，一部は粒界移動の際に粒内に取り残されたままとなり，結晶粒内の物質移動は粒界に比べて遅いので，焼結密度の向上を妨げる。

4.7.5◇化学反応をともなう焼結

　化学反応をともなう焼結の代表例は陶磁器（pottery）の焼結である。状態図上にはSiO_2を含む複数の安定相があるが，粘土などの反応性物質は，溶融した液相（固化してガラスとなる）となり，液相をともなった焼結（液相焼結）で粒子どうしが焼結して固化し，また液相内での析出が生じ，組織が形成される。ガラス相の利用は，陶磁器技術ではその後の絵付けや釉薬[5]技術にも関係している。

　焼結しにくい共有結合性の金属炭化物（WC，SiCなど）や金属窒化物（Si_3N_4，TiNなど）の焼結では，液相生成をともなう液相焼結（liquid phase sintering）が行われる。液相焼結では低融点の成分を添加し，粒界に液相を存在させて，この液相を通して拡散を促進する。固体が液相に溶け込むあるいは反応することも多く，液相に溶解した固相組成は，粒子の凸部から粒子間（ネック部）へ移動する。また固相粒子は液相で濡れて，粒子間の毛細管力により固体粒子どうしを引きつけ，焼結途中の粒子の再配列を進め，緻密な組織形成に寄与する。一方で，粒界に物質が残ることから，固相粒子間での何かの移動を必要とするような物性（例えば電子伝導性）の発現には不利になることもある。Si_3N_4焼結体の組織の例を**図4.18**に示す。

　反応焼結（reaction sintering）は，固体間で化学反応が生じるときの物質移動を利用して単相では焼結しにくい材料を焼結させる方法である。Al_2O_3–Si_3N_4系では，その固溶体サイアロンの焼結はほとんどおこらないため，固溶体を生成する反応焼結と添加剤による液相生成をともなう液相焼結がともに適用されている。原料粉体どうしの反応焼結では，固

5　釉薬（ゆうやく）：陶磁器の表面にガラス層を形成させる原料。

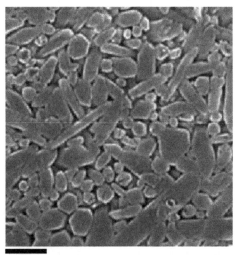

1 μm

|図4.18| **Si_3N_4焼結体の組織の例**
粒界のガラス相は除去されている。
[*Z. Shen et al., Nature*, **417**, 266–268 (2002)，Fig.2の一部を改変]

体間の相変化が密度変化をともなう場合，とくに総体積が減少するような場合には緻密な材料が得られにくい。また，反応後に生成物自身の焼結や粒成長をともなう複雑な現象となる。耐火物のような比較的多孔性の材料においては，反応と焼結を一段階で行うことで作製に必要な熱エネルギーの節約になるため，工業的に利用されている。

4.7.6 ◇ マスターシンタリングカーブ

金属酸化物などの多くの材料における焼結の駆動力は，物質の拡散現象である。とくに初期焼結におけるネック部の成長，中期焼結での粒界面積の増加は，粒子内の物質拡散で三次元的な移動をともなう体積拡散によって進行する。また，粒界での拡散は，中期焼結における固相成分の粒界での移動にも関与する。こうした考えから，体積拡散と粒界拡散が焼結の全過程で関与することを仮定して，焼結曲線の予測を行おうとするマスターシンタリングカーブ（master sintering curve, MSC）理論が提案された[6]。

マスターシンタリングカーブ理論では，焼結速度は線収縮速度$\mathrm{d}L/L\mathrm{d}t$（Lは試料の長さ，tは時間）として次のように表される。

$$-\frac{\mathrm{d}L}{L\mathrm{d}t}=\frac{\gamma\Omega}{kT}\left(\frac{\Gamma_\mathrm{v}D_\mathrm{v}}{G^3}+\frac{\Gamma_\mathrm{b}\delta D_\mathrm{b}}{G^4}\right) \tag{4.38}$$

ここで，$\Gamma(\Gamma_\mathrm{v},\Gamma_\mathrm{b})$は駆動力，すなわち拡散の種類と場所によって特徴づけられる関数，γは表面自由エネルギー，Ωは分子容（単位格子体積），kはボルツマン定数，Tは温度，Gは粒径，δは粒界幅，D_vは体積拡散の拡散係数，D_bは粒界拡散の拡散係数である。粒径依存性G^nの係数nは拡散機構によって異なり，体積拡散では$n=3$，粒界拡散では$n=4$である。

拡散係数の関係する項を，温度依存性を示す活性化エネルギーQ（みかけの全焼結過程の活性化エネルギー），温度T，気体定数Rで代表させて，tで積分するとき，積分結果が時間と時間変化する温度の関数で次のように表されると考える。

$$\Theta(t,T(t))\equiv\int_0^t\frac{1}{T}\exp\left(-\frac{Q}{RT}\right)\mathrm{d}t \tag{4.39}$$

一方，焼結体密度をρとして，密度は粒径に依存して変化（緻密化の粒界拡散の効果）し，この粒径には焼結の駆動力が関与すると仮定し，式(4.38)を密度で積分した形が次のように表されると考える[7]。

$$\Phi(\rho)\equiv\frac{k}{\gamma\Omega D_0}\int_{\rho_0}^\rho\frac{(G(\rho))^n}{3\rho\Gamma(\rho)}\mathrm{d}\rho \tag{4.40}$$

この結果，時間と密度が関係づけられる。実際の焼結では，粒間の粒界拡大と粒径増加が同時におこることに相当する。

$$\Phi(\rho)=\Theta(t,T(t)) \tag{4.41}$$

このとき，Qが与えられると焼結体密度ρはtの関数で表されるが，

6 H. Su and D. L. Johnson, *J. Am. Ceram. Soc.*, **79**, 3211–3217 (1996)

7 拡散係数D_v, D_bをD_0にまとめ，駆動力Γを密度ρの関数とする近似による。

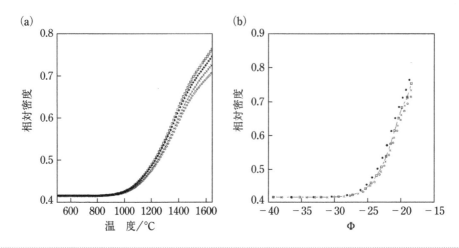

焼結曲線とマスターシンタリングカーブ

実際の操作においては次のようにする。まず，密度と温度に関係する焼結曲線を異なる昇温速度で測定し（**図4.19**(a)），次に，相対密度と変数 Φ の関係が1つの曲線になるように最適な Q を見つける。特定の Q を使って焼結曲線を計算し，相対密度と Φ の関係を求めた例が**図4.19**(b)である。焼結現象がほぼ1つの活性化過程（対象材内での物質拡散）で記述できるときには，焼結曲線が予測，再現される。このときは，添加物の影響を含めてもよく，また複合材であってもよい。Q を系統的に観測すると，添加物の効果や固溶体での組成影響などをみかけの物性値（Q）で代表できるという利点がある。

　しかし，焼結過程に関するデータベースは整備されておらず，現在までに完全な焼結現象の理論や制御法は確立されていない。焼結は，無機材料の開発や製造における経験的な対応が必要な技術分野である。

4.7.7◇セラミックスプロセシング

　工業用セラミックスの製造や研究段階における焼結体の作製では，粉体原料を用いて作製を行うことがほとんどである。こうした焼結体作製の全過程をセラミックスプロセシング（ceramic processing）といい，とくに焼結前の操作には多くのノウハウがある。

　焼結前に行われる操作の例とその流れを**図4.20**にまとめた。原料作製後の原料の混合や，調合段階における有機材の添加，粉砕，成形前の造粒，混合といったプロセスや成形工程があり，これらは物理化学的な理解が十分及ばない経験則的な側面も多い。また，焼結前後での形状精密化も製品では重要である。応用のためには，これらの材料の緻密化に加え，形状成形の自由度や多孔性の制御などが重要であり，作業上での経験も大切になる。二次電池や燃料電池のようなデバイス作製では，さらに界面の問題があり，プロセス面での制御に困難をともなう場合もあ

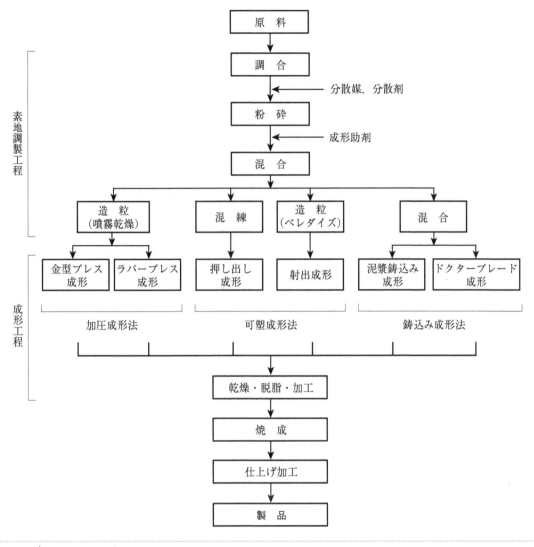

図4.20 | セラミックスプロセシングの例

る。デバイス作製のために，物理的なプロセスである真空装置を利用した薄膜試料作製やそれらの組み合わせによる半導体作製類似の工程，また液相前駆体やガラスを経由するプロセシングにも関心が寄せられている。

　このように各種のプロセスで作製，焼結・固化した材料組織を微細構造（microstructure）とよび，材料の性能を左右する無機材料の状態として重要な因子である。

第5章

無機材料の性質

　無機材料に関する化学的な基礎は，それらがもつ性質を利用する際に活用される。本章では，無機材料の応用例および性質の基礎となる事項について述べる。無機物質の安定性（熱力学）と反応性により，さまざまな結晶構造（原子・イオンなどの配列），組成，組織（化合物の集合），微細構造や形状をもつ材料がつくられる。できあがった材料は，さまざまな機能を発現して，人々の生活に活かされる。

　無機材料の性質は，固体物理学によって理解される物理的性質と化学によって理解される化学的性質に大まかに分けられる。物理的性質には，高温での利用に必要な熱的な性質，硬い・破壊しないといった機械的性質，電子伝導性などの電気的性質，電子や核スピンによる磁気的性質（磁性），光と関係する光学的性質，さらにはそれらの間の変換機能（例えば圧電性）などがある。一方，化学反応や分子，イオンが関与する現象が材料の化学的性質である。具体的には，固体内のイオン伝導，固体表面と分子の相互作用による吸着性や触媒性，生体材料における生体適合性などがあげられる。

　現代の複雑な社会問題を解決するための材料，例えばエネルギー関連材料や環境浄化・保全のための材料においては，物理と化学の両方に関わる複数の性質を同時に活用する必要がある。さらに近年は，地球全体の持続可能性（sustainability）に配慮した，省エネルギー，省資源，低環境負荷のための材料の設計や開発が求められてきている。

　本章では，すでに利用されているあるいは研究されている材料について，具体例を示しながら，それぞれの性質の理解に必要な用語や数式を紹介する。物理的性質の中には，化学の範囲を越えるように思われるものもあるが，そうした物理的性質も固体の化学の一側面であり，また材料をより専門的に学ぶためには必要である。

5.1 ◆ 熱的性質

5.1.1 ◇ 熱的性質の応用

　無機材料の熱的性質には，熱伝導性，熱膨張性，耐熱性（高融点・高強度）があるが，それらのいずれについても工業的に利用される。

　低熱伝導性の多孔質材やタイルは，家屋，各種部品の断熱部材，高温環境下で使用される航空宇宙機器の保護用外壁などとして用いられている。また，高熱伝導性のアルミナ Al_2O_3，窒化アルミニウム AlN，炭化ケイ素 SiC などの材料を例えば電子回路の基板に用い，発熱する回路をその上に組む構造をつくると，放熱性にすぐれ耐久性のあるデバイスとすることができる。

　熱膨張性の低いコーディエライトセラミックスは，高温ガスや急激な温度変化にさらされても破壊しない。押し出し成形法によりハニカム構造としたセラミックスは，自動車エンジンの排ガスを浄化する触媒担体として，大量に製造され利用される。

　高温でも強度が必要な部品として使用する材料では，高融点無機材料があるが，多くの場合さらに機械的強度が高く，化学的な安定性が高いことも求められる。マグネシア MgO，Al_2O_3，ジルコニア ZrO_2 にイットリア Y_2O_3 やカルシア CaO などの安定化剤を固溶させたジルコニア材料は，高融点であるため耐火物として利用される。また，共有結合性の窒化ケイ素 Si_3N_4，SiC，AlN のような非酸化物系セラミックスは機械部品の一部としても利用される。製鋼工程では，溶鉱炉の材料をはじめとして多くの耐火物が利用される。耐火物は Al_2O_3，MgO，アルミン酸マグネシウム（スピネル）$MgAl_2O_4$，二酸化ケイ素（シリカ）SiO_2，CaO，ZrO_2，SiC，炭素 C などを主要な成分として構成される複合物で，高温でも炉形状を保つことができるような大型構造体を積み上げて使われる。さらに，溶融 Fe との反応防止の機能も有している。

5.1.2 ◇ 比熱

　比熱は，熱力学から導かれる物性である（第3章3.1.5項参照）。元素の固体の定容比熱 C_V は**デュロン・プティの法則**（Dulong-Petit law）により，室温付近では気体定数 $R(=8.314 \, J/(mol \cdot K))$ の3倍，約25 $J/(mol \cdot K)$ でほぼ一定である。

$$C_V = 3R \tag{5.1}$$

これはボルツマンの古典的な気体運動論を固体に援用すると説明される。

　さらに，定容比熱の温度変化は，固体には格子比熱と電子比熱の2種類の比熱があるとして理論的に説明される。デバイモデルは格子比熱をうまく説明するモデルで，デバイ温度を θ_D，温度を T とすると，C_V は次のように表される。

$$C_V = 234 \left(\frac{T}{\theta_D} \right)^3 \tag{5.2}$$

結晶の比熱の実測値から$\log C_V$と$\log T$の関係を調べることで，それぞれの物質についてデバイ温度θ_Dが得られる。

電子比熱は，室温以上ではその寄与は小さいが，低温の金属では次の関係がある。γおよびαは定数である。

$$C_V = \gamma T + \alpha T^3 \tag{5.3}$$

5.1.3◇熱伝導

熱伝導は，物質中に温度勾配があるときにおこる熱移動現象である。x方向に温度Tの勾配dT/dxがあるとき，単位時間あたりに単位面積を流れる熱エネルギーΔQは，熱伝導率をKとして，次のように表される。

$$\Delta Q = -K \frac{dT}{dx} \tag{5.4}$$

結晶内の原子（イオン）の集団的な振動を**格子振動**（lattice vibration）という。熱伝導は，絶縁体では主に格子振動のエネルギーを量子化した仮想粒子であるフォノン（phonon）が関与する。低温では格子振動の振幅は小さく，フォノンどうしの相互作用（散乱）がなく，熱伝導率KはC_Vの温度依存性と同じくT^3に比例して大きくなる。

$$K \propto T^3 \tag{5.5}$$

一方，高温では，多数のフォノンどうしの衝突の平均自由行程[1]はT^{-1}に比例して大きくなり，熱伝導率KはT^{-1}に比例して減少する。

$$K \propto T^{-1} \tag{5.6}$$

セラミックス材料は，軽元素から構成され，強い化学結合をもち，結晶構造が単純で対称性が高いなどの理由から，フォノンによる散乱がおこりにくく，高熱伝導性がもたらされる。しかし，材料内の何らかの因子でフォノンが散乱されると熱伝導率が低下する。すなわち，結晶内にある格子欠陥，転位，結晶の歪み，不純物，また多結晶体で粒内の気孔，小さい粒径，粒界の存在，焼結体密度が低いなどの要因が，熱伝導率の低下を招く。これらはいずれもフォノンの平均自由行程を短くするような影響があるためである。非晶質ではその距離はさらに短くなるので，熱伝導率の低い材料となる。

金属の熱伝導率には電子の寄与が大きく，金属結晶では電子伝導度をσとすると，$K/\sigma T$はほぼ一定（$2.2 \sim 2.6 \times 10^{-8}\,\mathrm{J \cdot \Omega/(s \cdot K^2)}$）になる[2]。

5.1.4◇熱膨張と融点

物体は温度の上昇により長さや体積が膨張する。長さの変化を表す線熱膨張係数α_L，および，体積の変化を表す体積熱膨張係数α_Vは，それ

1　平均自由行程：粒子が散乱されてから次に散乱されるまでに進む距離。

2　K/σが温度に比例することを発見した Ludvig Valentin Lorenz の名にちなんで，$K/\sigma T$をローレンツ数とよぶ。

ぞれ元の長さLおよび体積Vに対する1℃(1 K)あたりの変化率として次の式で表される。

$$\alpha_L = \frac{(\Delta L \,/\, \Delta T)}{L} \tag{5.7}$$

$$\alpha_V = \frac{(\Delta V \,/\, \Delta T)}{V} \tag{5.8}$$

　格子振動の振幅は温度の上昇とともに増大し，平均原子間距離が大きくなる結果が，材料の熱膨張としてあらわれる。格子をつくる1対の原子間の振動の振幅は中央の原子位置に対して非対称(非調和的)で，原子間距離の大きい方向にずれている(例えば第2章図2.17参照)。

　このときの安定な原子間距離が熱振動によって長くなっていく変位uの平均値$\langle u \rangle$は次のように表される。

$$\langle u \rangle = 3\frac{a}{b}k_{\mathrm{B}}T \tag{5.9}$$

ここで，aとbは比例定数，k_{B}はボルツマン定数である。熱線膨張係数α_Lはd$\langle u \rangle$/dTであり，広い温度範囲にわたって一定値となる。

　熱膨張のしやすさは温度による結合の弱まりを反映するので，元の結合の強さが大きい，つまり結合の際のポテンシャルが深いほど，熱膨張係数は小さくなる。結合の種類でみると，熱膨張係数は共有結合結晶＞イオン結晶＞金属の順に大きくなる傾向がある。また，イオン結晶の中でも，陽イオンの電荷が大きく，結合が強いと熱膨張係数は小さくなり，例えば$NaCl > CaF_2 > SiO_2$の順に小さくなる。

　また，多くの結晶では，融点と熱膨張係数の間には相関があり，ほぼ反比例の関係がある。

5.2 ◆ 機械的性質

5.2.1 ◇ 機械的性質の利用

　無機材料は，とくに硬さと強度にすぐれる点が特徴である。一方，欠点はもろいことである。

　モース硬度は，材料をこすりあわせたときに傷がつくかどうかを基準に10種類の鉱物，すなわち柔らかいものから，滑石，石膏，方解石，リン灰石(アパタイト)，石英，トパーズ，コランダム，ダイヤモンドを順に並べたものである。これらはいずれも無機材料で，有機物，金属はこれらよりも柔らかい。

　硬い材料は耐摩耗性を有するため，他の材料を研磨加工する際に適した性質となる。金属などの材料研削加工用の刃として，ダイヤモンドや炭化タングステンWC，窒化ホウ素BN，SiCなどが用いられ，これらは超硬材料とよばれている。また，同様な性質から研磨仕上げ用の砥石の成分としても利用される。

無機材料の焼結体を機械部品として利用したものが，セラミックス構造材料である。かつてはセラミックスエンジン開発の試みもなされたが，部品としての信頼性の問題が克服できず，実用化には至らなかった。しかし，焼結技術の進歩により，Si_3N_4やSiCを主成分とする焼結体が高温部の部品として実用化されている。また，Al_2O_3やZrO_2（Y_2O_3などを添加した固溶体）は，耐摩耗性を必要とする機械・電子部品に利用されている。また，適度な強度をもち成形しやすい材料として，板ガラスが建築物や自動車などに広く使われている。

近年，炭素の複合材料が注目されている。炭素繊維を編みそれを高分子で固めることによって，炭素繊維の高強度を生かした材料であり，航空機用部材として用いられている。ガラスの繊維や微粉末を高分子材料などと複合させた複合材料の利用もある[3]。

セメントは，石灰石とアルミノケイ酸塩から1500℃程度の高温で生成する化合物（Ca_2SiO_4, Ca_3SiO_5, $Ca_3Al_2O_6$）の混合物で，水を加えると水和して硬化する性質がある。コンクリートは，砂，砂利，石などと水，セメントを混合して流動性のスラリーとして，鉄骨材や型形状に合わせて成形固化したもので，土木・建築分野では不可欠なゼラミックス材料である。

固体材料の機械的性質は，弾性を基礎とした変形，組織変化と関係する塑性変形，クリープや，破壊挙動を表す破壊靭性値などを対象として，理論的・経験的にさまざまな手法で評価される。これらの手法は，今日の金属材料の性質を基礎としてセラミックスや高分子材料の評価にも活用され，材料の実用化を支えている。

5.2.2◇弾性

固体に外力を加えると変形し，外力を取り除くと元に戻る性質を**弾性**（elasticity）という。**図5.1**に，Si_3N_4焼結体の棒状試料を室温と高温で引張りの応力を加えてその変形量を測定した例を示す。室温では，応力と歪みは比例関係にあり，弾性挙動を示す（**図5.1**(a)）。

等方体の弾性率をヤング率E[Pa]といい，一軸性の応力σ[Pa]と歪みε_Eを用いて次のように表される。

$$E = \frac{\sigma}{\varepsilon_E} \tag{5.10}$$

固体の平行な2つの面に対して，逆方向の応力τ[Pa]を加えて変形させることをせん断変形という。剛性率G[Pa]は，2つの面がずれる分の歪みε_Gとτを用いて次のように表される。

$$G = \frac{\tau}{\varepsilon_G} \tag{5.11}$$

また，一軸性の歪みε_Eと，その軸に直交する方向の歪みε_Gの比をポアソン比νといい，次のように表される。

3 それぞれ炭素繊維強化プラスチック（carbon fiber reinforced plastics, CFRP）およびガラス繊維強化プラスチック（glass fiber reinforced plastics, GFRP）とよばれる。

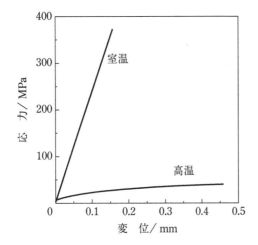

図5.1 | **Si₃N₄焼結体試料における室温と高温での引張り応力と変形量の関係**

$$v = \frac{\varepsilon_G}{\varepsilon_E} \tag{5.12}$$

体積弾性率 K は静水圧のような等方的な応力 σ_V と体積変化 $\Delta V/V$ の積であり，静水圧を受けたときの物質の変形を表す。

$$K = \sigma_V \left(\frac{\Delta V}{V} \right) \tag{5.13}$$

ヤング率，剛性率，体積弾性率の間には次の関係がある。

$$\frac{1}{E} = \frac{1}{3G} + \frac{1}{K} \tag{5.14}$$

結晶は等方体ではなく結晶軸に沿って異なる弾性率をもつため，その異方性を表現する必要がある。立方晶系の場合は，C_{11}, C_{44}, C_{12} の3つの独立の弾性率がある。

弾性は，応力により原子間距離が変化することによって生じるので，結合の性質と直接関係する。原子間にはたらく力を F，相互作用エネルギーを U とすると，$F = -dU/dr$ である。平衡状態における原子間距離 r_0 から Δr の微小変位をしたときの力 $F(\Delta r)$ は，次のように近似される。

$$F(\Delta r) = -\left(\frac{dU}{dr} \right)_{r=r_0} - \left(\frac{d^2U}{dr^2} \right)_{r=r_0} \Delta r \tag{5.15}$$

添え字 $r=r_0$ は，r_0 での値であることを意味し，右辺第1項はゼロとなる。応力 σ は原子間の断面積が r_0^2 になるとして，次のように表される。

$$\sigma = \frac{\left(\dfrac{d^2U}{dr^2} \right)_{r=r_0} \Delta r}{r_0^2} \tag{5.16}$$

一方，歪み ε は変位を Δr とすると，次のように表される。

$$\varepsilon = \frac{\Delta r}{r_0} \tag{5.17}$$

以上より，ヤング率Eは次のように表される。

$$E = \frac{\sigma}{\varepsilon} = \frac{\left(\dfrac{\mathrm{d}^2 U}{\mathrm{d}r^2}\right)_{r=r_0}}{r_0} \tag{5.18}$$

イオン結晶ではUは格子エネルギーで，マーデルングエネルギーに関する式(2.6)（第2章2.2.3項参照）を適用すると，

$$E \propto \frac{1}{r_0{}^4} \tag{5.19}$$

の関係がある。このように，ヤング率は原子間距離に対して非常に敏感で，原子間距離が長くなると急激に小さくなる。また，結合の起源である結晶構造に（したがって結晶面にも）依存する。

5.2.3 ◇ 擬弾性

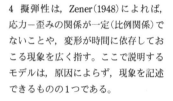

4 擬弾性は，Zener(1948)によれば，応力－歪みの関係が一定（比例関係）でないことや，変形が時間に依存しておこる現象を広く指す。ここで説明するモデルは，原因によらず，現象を記述できるものの1つである。

弾性が時間に依存しない性質であるのに対し，**擬弾性**(anelasticity)[4]は，変形が時間に依存したり，**粘性**(viscosity)を含む性質のことをいう。

いま，固体に対して角周波数ωで正弦波状に応力を与えるとすると，応力に応じて変形する正弦波形の歪みに対する弾性率Gは，複素弾性率G^*として，次のように表される。

$$G^* = G' + iG'' \tag{5.20}$$

$$G' = G_0 + \Delta G \frac{\omega^2 \tau^2}{1 + \omega^2 \tau^2} \tag{5.21}$$

$$G'' = \Delta G \frac{\omega \tau}{1 + \omega^2 \tau^2} \tag{5.22}$$

ここで，τは緩和時間，$\Delta G = G_\infty - G_0 (G_0, G_\infty$はそれぞれ$\omega = 0$，無限大のときの$G$)，$G'$と$G''$はそれぞれ弾性率の実部と虚部である。それらの変化のようすを**図5.2**に示す。これは，時間に依存する線形応答の一種であり，応力に対して歪みは角周波数δの遅れをもって追従する。δ

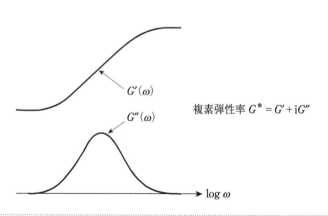

│図**5.2**│**複素弾性率と角周波数の関係**

とG'，G''の間には次の関係がある。

$$\tan \delta = \frac{G'}{G''} \qquad (5.23)$$

$\tan \delta$は内部摩擦により物質に吸収されるエネルギーに相当する。材料による弾性エネルギーの吸収は，固体内の動的な因子，例えば原子位置の緩和，転位の運動，水素などの固溶した溶質の運動などによっておこる。無機材料ではとくに粘性の大きい固体のガラス材料であらわれる。また，擬弾性は欠陥を含む結晶が本来的にもっている性質でもあり，例えば無機固体の中に運動性のイオンや欠陥が存在すると擬弾性を示す。擬弾性は，歪みが小さければ回復するが，大きくなると疲労現象に移行する。

固体でも弾性に加えて粘性があり，粘弾性は固体，液体を問わずどのような材料でもみられる性質である。粘性は時間に依存する性質であるため，時間を考慮した説明が必要であり，変形に対する緩和時間が導入される。緩和時間を導入することで粘弾性挙動が記述できるようになり，時間経過後の変形の回復が理解できる。粘弾性現象は，レオロジー（rheology）という分野で扱われる。

5.2.4◇硬度

硬度は，材料表面から圧子を押し込み，その圧痕の形状から計測する方法で測定される。代表的なビッカース硬度（Vickers hardness）試験では，図5.3のような形状で136°の対面角をもつダイヤモンド角錐を平らな材料表面に押し込むことで，ビッカース硬度HVを次の式から算出する。P[kg/mm]は荷重，d[mm]は圧痕の対角線の長さである。

$$HV = \frac{2P \sin(136°/2)}{d^2} \qquad (5.24)$$

硬度測定での圧子挿入操作では，圧縮による塑性変形をともなう。セラミックスのような脆性（次項参照）を示す材料では，破壊をともなう。

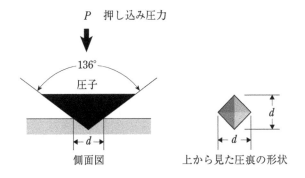

| 図5.3 | ビッカース硬度試験に用いられる圧子と圧痕形状

5.2.5◇塑性，延性，脆性

図5.1に示したSi_3N_4焼結体における引張り応力と変形量の関係において，**図5.1**(a)の室温では応力と歪みの間に比例関係があるのに対して，**図5.1**(b)の高温ではその関係が直線よりずれている。**図5.4**に一般的な応力－歪み曲線を示す[5]。塑性変形(plastic deformantion)は，**図5.4**(a)のように，応力を加えた後に応力をゼロ(除荷)に戻しても塑性歪みε_pが残るような変形挙動のことをいい，回復しない変形現象である。応力の印加によって材料の組織変化が生じているためにおこる。

また，**図5.4**(b)の炭素鋼の例のように，応力を加えても変形しなくなる領域がある。その開始の応力を**降伏応力**(yield stress)という。塑性変形した後の材料は永久変形をして元の形状に戻らないので，機械部品などとしては使えなくなる。金属系や高分子系の材料では，破壊は時間とともに形状の永久的な変形を生じる**延性**(ductility)[6]をともなって生じ，材料の断面積が減少して，やがて破壊にいたる。

塑性の原因は材料内部の組織の微視的な変化であり，とくに転位の移動，すなわち結晶内のすべりや双晶の生成である。材料の内部では，組織の中に小さい空隙が形成されることもある。

無機材料では，結合の強さと異方性が金属結晶に比べて大きいので，転位の運動がおこりにくく，塑性変形がおこりにくい。すなわち，弾性から，塑性を経ずに直接破壊に至る**脆性**(brittleness)を示す。

5.2.6◇強度と破壊

応力－歪み曲線において，材料が不可避な破壊をおこして，その挙動が途絶えるときの応力値を**強度**(strength)という。応力と歪みが比例関係を維持したまま破壊に至る場合，その材料は，脆性を示す，という。

5 歪みは応力の関数であるので，横軸に応力，縦軸に歪みをとるのが本来的であるが，材料の評価ではこれとは逆に，縦軸に応力，横軸に歪みがしばしばとられる。

6 延性と塑性の挙動には明確な区別はないが，金属材料などの変形機構の観点からそのようによばれる。

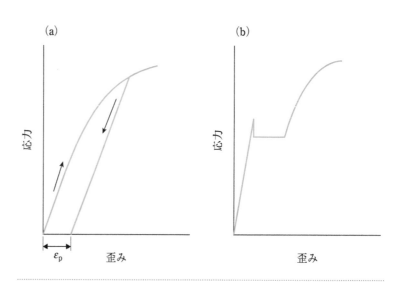

|図5.4| **応力と歪みの関係**
(a)塑性変形，(b)炭素鋼の例。

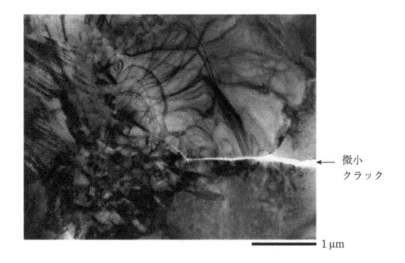

→ 微小
クラック

1 μm

│**図5.5** │ **ジルコニア焼結体薄膜内のき裂(透過電子顕微鏡像)**

単結晶では，結晶面に沿った破壊がみられ，これを**へき開**(cleavage)という。へき開は，その結晶面に対して垂直な方向の結合が弱いために生じる。多結晶材料内でへき開がおこると，微細な粒の内部を破面(破壊する面)が通るように破壊する。これを粒内破壊という。結晶粒が比較的強く，その一方で粒界が弱いと，粒界部分で破壊する粒界破壊がおこる。

破壊は，化学結合の連続が途絶える破断によっておこる。引張り強度は，理論的には，平衡状態の原子間距離から原子を引き離して，破壊時の変位にまで要する力学的エネルギーに相当する。き裂が生じても，固体内で残存するような状態も考えられる。この段階では，みかけ上は材料全体の破壊には至っていない。

Griffithは破壊の過程を解析し，それ以上でき裂が拡大する限界の応力，すなわち破壊応力σと，ヤング率E，表面自由エネルギーγ，き裂長さ(半径)aの間に次の関係を導いた。

$$\sigma = \sqrt{\frac{2E\gamma}{\pi a}} \qquad (5.25)$$

これを一般化すると，き裂の生成のために与えられるエネルギー(エネルギー解放率)がき裂表面での表面自由エネルギーの2倍を超えたときにき裂が進展するという条件が導かれる。き裂平面を開くように変位させる場合(モードⅠとよぶ)，き裂先端への応力集中の程度を表す破壊靭性値K_{IC}[Pa·m$^{1/2}$]は次のように表される。

$$K_{\mathrm{IC}} = \sqrt{2E\gamma} \qquad (5.26)$$

実際の破壊では，最初にき裂が生じ，続いて材料内の破面が固体内を伝搬する挙動がみられる。**図5.5**は，ジルコニア焼結体薄膜内のき裂の進展をその場観察した例で，き裂先端では応力集中によって構造相転移(縞

状組織の粒子)が誘起されている。き裂は，材料内のもっとも弱いところ，例えば表面にある傷や組織内の大きな空孔などでおこる。そして，き裂は固体内を伝搬していき，ついには片方の端に達して材料が破壊する。

　上の式で，破壊に至る破壊応力σは，き裂長さaに依存している。すなわち，物質が同じでも材料組織によってき裂の大きさが違うと強度が異なることを示している。き裂の拡大と進展による材料破壊の現象を解析するのが破壊力学(fracture mechanics)であり，さまざまに組織制御された材料の実効的な強度を説明するために重要な分野である。

5.2.7◇クリープと疲労

　クリープ(creep)は，一定荷重の下で材料の歪みが徐々に増加する現象で，材料の時間依存性の線形応答を超える応力下において，時間とともに塑性変形がおこるために生じる。原因としては，転位の移動，粒界の移動，拡散などがあげられる。時間に対して歪みをプロットした図がクリープ曲線であり，その傾きがクリープ速度を表す。初期の弾性的な変形の後，次の3つの段階を経て，やがて破壊に至る。第1段階では，クリープ速度が時間経過とともに減少する。第2段階は，定常クリープとよばれる一定の速度で変形する段階である。第3段階の破壊直前のクリープは，組織内の空隙の生成によりおこり，材料や条件によってさまざまな挙動となる。セラミックスでは，クリープが主に高温での使用時に考慮される。図5.6(a)は，耐火レンガを長時間圧縮したときの変形量と時間の関係を示している。時間ゼロ付近で瞬時に弾性変形してから徐々に変形速度が減少しながら変形が進み，定常クリープになる前に破壊する。また，図5.6(b)はSi_3N_4焼結体に高温(図5.5と同じ条件)で繰り返し応力を加えた試験例で，変形量が徐々に増加し，クリープがみられる。

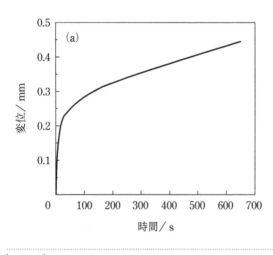
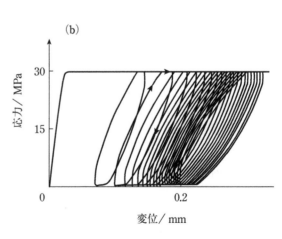

図5.6 | セラミックスの変形挙動の例

(a)耐火レンガのクリープ，(b)Si_3N_4焼結体の高温サイクル試験。
[村田雅人ほか，材料，**44**, 710-714 (1995)]

　一定期間繰り返し応力を加えることで材料が破壊に至る現象を**疲労**（fatigue）といい，疲労により材料が破壊に至ることを疲労破壊という。材料の疲労現象はきわめて重要で，機械部品や構造物の疲労破壊は，材料の信頼性担保のために必ず予測が必要であり，材料設計上の主要な課題である。

　破壊に至るまで応力を繰り返し印加する試験を疲労試験という。応力の振幅と印加する回数を変えて，回数を増やしていったときに応力の低下が限界に達するまでの回数を測定する。応力の低下が限界に達した状態を疲労限界という。疲労限界以下の応力では材料は破壊しないため，実用上は，この疲労限界値を用いて，材料を長期間使用するときの利用条件の目安をつくっている。しかしアルミニウムや銅などの金属では，繰り返し回数とともに応力値が低下し，使用時間が制限されるものがある。一方，セラミックスのような脆性材料では，疲労はほとんどみられず，繰り返し回数には安定な強度を示す。しかし一定応力を少しでも超えると，局所的にすぐに破壊に至る現象がみられる。

5.3 ◆ 電子伝導性

5.3.1 ◇ 電子伝導性の利用

　半導体集積回路を基本とする電子デバイスは，Siを中心とした無機物質（結晶，非晶質）の薄膜を配した微小集積構造体で，無機材料のかたまりともいえる。デバイス設計に応じて各種の物性を有する材料が選択され，電気電子工学や固体物理学と強く関係のある領域である。SiやGaNなどのpn接合を用いた半導体素子は，演算用デバイス，太陽電池，発光ダイオード（light emiiting diode, LED）などに用いられている。絶縁体についても，Al_2O_3, ZrO_2, CeO_2などのほか，誘電性を示す複合酸化物などさまざまな無機材料が研究されている。

　In–Sn–O（indium-tin oxide, ITO）系の半導体材料は，透明で電子伝導性を示すことからタッチパネルなどの電極材として広く用いられている。また，InGaZnO（IGZO）を含む薄膜トランジスタが開発され，スマートフォンやパソコンのディスプレイなどでの利用が広がっている。

　電子伝導性に関して将来性が注目されている無機材料は高温超伝導体である。ペロブスカイト型構造を基本として層状構造（図2.10参照）を有する一連の化合物は，液体窒素温度（77 K）以上で超伝導性を示す。応用に注目が集まったが，現在はまだ実用化されていない。

　温度の測定にはサーミスタが広く用いられている。正の温度係数（PTC）特性を示すサーミスタとして，希土類を添加したチタン酸バリウム$BaTiO_3$多結晶体が知られている。熱暴走や発火を防止する過熱検知用素子として利用される。さらに，ZnO焼結体の粒界に絶縁層を形成した材料は，電圧上昇にともなって電気抵抗が急増する素子（バリスタと

よばれる)として，回路保護に利用されている。

　半導体は，ガスセンサーとしても広く普及している。用いられる材料の多くはPt添加SnO_2系の焼結体であり，燃焼ガス漏れの監視に役立っている。また，電子伝導と熱の関係を利用し発電素子とする熱電変換材料が研究されている。

5.3.2◇電気伝導率

　オームの法則($V=IR$)にもとづいて測定した電気抵抗Rを単位面積，単位長さあたりの値に換算した抵抗率の逆数を電気伝導率σといい，単位は$\Omega^{-1}\,m^{-1}$またはS/mで表される。電圧V[V]をかけた材料に流れる電流密度(単位面積あたりの電流量)J[A/m^2]は次のように表される。

$$J = nq\mu V \tag{5.27}$$

ここで，n[m^{-3}]は電子のような電荷担体(キャリア)の単位体積あたりの数，q[CまたはA·s]は電荷，μ[m^2/(V·s)]はキャリアの移動度である。

　電気伝導率σは次のように表される。

$$\sigma = nq\mu \tag{5.28}$$

すなわち，電気伝導率はキャリアの種類(電子，正孔(ホール)，陽イオン，陰イオンなど)，密度，移動度によって決まる。

　電子伝導は，電子または電子の抜けた正孔がキャリアとなる電気伝導であり，主にキャリア密度の違いによって，絶縁体，半導体，金属に分類される。金属のσは10^6～10^7 S/m，絶縁体のσは10^{-15}～10^{-10} S/m程度である。

5.3.3◇固体内の電子

　固体(結晶)内の電子の性質を詳しく知るには，固体の電子構造についての理解が必要になる。結晶内の電子はエネルギーの低い準位から順に詰まっていく。結晶内には金属原子がつくる周期的なポテンシャル(核の正電荷による)があるが，金属の最外殻軌道の電子は，このポテンシャルに束縛されない大きなエネルギーをもち，比較的自由に結晶内部を動く。

　固体内の電子があるエネルギーεの準位を占めるとき，その準位を1つの電子が占める確率は，フェルミ分布$f(\varepsilon)$で表される。$f(\varepsilon)$は運動エネルギーε，ボルツマン定数k_Bを用いて，次のように表される。

$$f(\varepsilon) = \frac{1}{\exp[(\varepsilon-\varepsilon_F)/k_BT]+1} \tag{5.29}$$

ε_Fをフェルミエネルギーという。$\varepsilon=\varepsilon_F$では，$f(\varepsilon)=1/2$である。

　電子は粒子性と波動性をあわせもち，運動量$p=mv$(mは電子の質量，vは速度)およびエネルギーεは換算プランク定数$\hbar(=h/2\pi)$，波数kを用いて次のように表される。

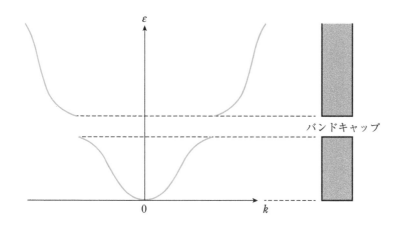

図5.7 **自由電子のエネルギー ε と波数 k の関係と周期的なポテンシャル場によるエネルギーギャップ**

$$mv = \hbar k \tag{5.30}$$

$$\varepsilon = \frac{\hbar^2 k^2}{2m} \tag{5.31}$$

ここで，電子のエネルギー ε は波数 k の二次関数で示されている。フェルミエネルギー ε_F に対応する波数 k_F をフェルミ波数といい，三次元波数空間における半径 k_F の球の表面をフェルミ面という。フェルミ面は k 空間で一定のフェルミエネルギー ε_F をもつ面であり，絶対零度では電子のある軌道とない軌道の境界のエネルギーを示す。

結晶では，原子が周期的に配列しているため，電子の定在波と原子の位置（格子の構造）によって電子は引きつけられ，完全に自由ではなく，エネルギーの違いが生じる。ある波数の波に対しては，格子が波を弱めるようにはたらく。このような周期的なポテンシャル下では自由電子のエネルギーに不連続が生じる。これがエネルギーギャップであり，不連続となる領域が禁制帯である。エネルギーギャップとフェルミエネルギーの位置（フェルミ面）の関係が電子伝導性には重要である。

結晶内の電子についてのシュレディンガー方程式から，結晶の単位体積あたり，単位エネルギー（幅）あたりの状態数（状態密度関数）がわかる。格子内にはエネルギーギャップ（禁制帯）が存在し，各軌道の電子は，それぞれのエネルギー準位に対してある状態数で分布する。エネルギー幅をエネルギー準位の数で割ったものを電子の状態密度（density of state, DOS）という。縦軸にエネルギー準位をとり，横軸に電子状態密度をとると，どのエネルギー準位の状態密度が大きいかを知ることができる。これが状態密度から見た固体の電子構造で，それぞれ特有の電子をもつ原子の種類と配列，集合体の構造に応じて分子軌道を形成した結果，結晶は独自の電子状態密度をもつ。これは電子伝導性や触媒性といった各種の物性に影響する。状態密度は無機材料の設計の指針にもつながる。

近年，このような固体の電子構造について高速の計算機を用いた精密な近似によって精度の高い計算が可能になってきており，電子物性の設計などに役立てられている（第1章コラム1.3参照）。

5.3.4◇バンド構造と電子伝導性

フェルミエネルギーは絶対零度における運動エネルギーで，理論的な概念であるが，フェルミ準位はこの概念を援用して実際の電子状態へ適用したものである。電子をエネルギーの低い準位から順に詰めていったときに，電子がとりうるもっとも高いエネルギーで，実際には仕事関数として測定される。

禁制帯をもつバンド構造と電子伝導性の関係は，**図5.8**のように説明

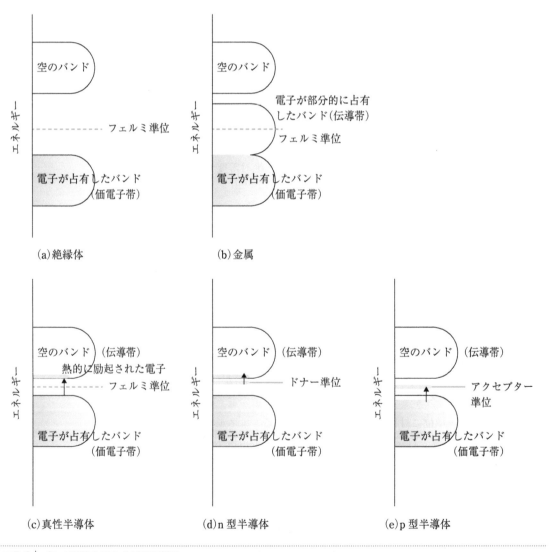

（a）絶縁体　　（b）金属　　（c）真性半導体　　（d）n型半導体　　（e）p型半導体

|図5.8|バンド構造と固体の電子伝導性
（a）絶縁体，（b）金属，（c）真性半導体，（d）n型半導体，（e）p型半導体。

される。この図で，上のバンドが伝導を可能にする伝導帯としてはたらき，下のバンドは価電子帯である。禁制帯の幅(価電子帯と伝導帯のエネルギー差)がバンドギャップであり，バンドギャップの大きさは光吸収法などで測定される(5.6.2項参照)。

絶縁体では，禁制帯のバンドギャップが大きく，電子は伝導帯に移れないので，電子伝導のための担い手(キャリア)がない。

金属は，バンドがフェルミ準位の上まで続く構造をもち，伝導電子は自由に動くことができる。

半導体(真性半導体)では，フェルミ準位は禁制帯の中にあり，バンドギャップが小さいときは，熱エネルギー(温度上昇など)が加わると，電子は下のバンド(価電子帯)から上のバンド(伝導帯)に移り，伝導帯の底に少しの電子，価電子帯の上端に少しの正孔ができる。これらが伝導を担い，電子伝導体となる。

不純物半導体では，禁制帯の中に不純物による新たな準位がつくられる。n型不純物半導体(n型半導体)は，新たな準位がドナー準位として伝導帯の近くにつくられる場合であり，フェルミ準位はドナー準位と伝導帯の間にあり，ドナー準位からの電子が伝導帯に移り，伝導を担う。p型不純物半導体(p型半導体)は，新たな準位がアクセプター準位として価電子帯の近くにつくられ，価電子帯からの電子がアクセプター準位に移り，価電子帯に生成した正孔が伝導を担う。n型とp型は，キャリアの電荷が，電子(negative electron)か正孔(positive hole)かによる。

5.3.5◇イオン結晶の欠陥と添加物

元素の組み合わせからはイオン結晶であるように思えても，フェルミ準位の上まで連続したバンド構造(状態密度)をもつ場合には，電子が結晶全体にわたって共有され，金属的な電子伝導性を示す。また，禁制帯のバンドギャップが小さければ半導体になる。

金属酸化物半導体において，電子伝導性に酸素分圧と不純物が及ぼす影響について考える。NiOのような陽イオン不足型化合物の電子伝導性は，第2章2.3.1項で示した欠陥を含む化学平衡の関係によって，酸素分圧依存性を示す。キャリアの正孔濃度$[h^\cdot]$は次のように表される。

$$[h^\cdot] = 2[V_{Ni}''] = \frac{(2K)^{1/3}}{p_{O_2}^{1/6}} \tag{5.32}$$

電子伝導率は酸素分圧の$-1/6$乗に比例する。

さらに，NiOにLi$_2$Oを添加(固溶)した場合を考えると，次のような反応が生じると考えられる。

$$2LiO_2 + \frac{1}{2}O_2 \rightarrow O_O^\times + 2Li_{Ni}' + 2h^\cdot$$

正孔濃度$[h^\cdot]$は，$[h^\cdot] = [Li_{Ni}']$となり，NiサイトにLiによる正孔生成でキャリアが増加するので，酸素分圧に依存しにくくなる。

金属酸化物では，ガス雰囲気（酸素分圧）と異種原子価金属の添加によりキャリア濃度が制御でき，材料の性能を向上させている。このような性質は，金属酸化物の電子物性や，酸素や還元性ガスに触れた半導体表面の電子伝導（ガスセンサー）の制御において重要になる。

5.3.6◇電子伝導性と素子性能

無機材料の半導体としての性質を利用した素子として，サーミスタ（温度計）がある。サーミスタは温度の測定に広く用いられている。

金属を利用したサーミスタとしては白金抵抗温度計があり，高温では金属の電気伝導率は温度上昇により減少する。格子内の原子の変位は温度上昇とともに大きくなり，金属内の自由電子の移動が格子に衝突することによって妨げられるためである。

熱電対は2種類の金属合金を1点で接触させ，ゼーベック効果を利用した両端の起電力から温度を計測する[7]。温度域に応じて多数の合金の組み合わせが利用されており，Pt-PtRh合金（R熱電対）やNiCr-Ni合金（K熱電対）などがある。類似した原理を用いて熱電変換材料が開発されており，廃熱を有効利用するための材料として期待されている。

高温超伝導体は，臨界温度T_c以下で電気抵抗がゼロになる。K_2NiF_4構造のLa-Ba-Cu-O系化合物（$T_c = 40$ K）が最初に発見され，その後もペロブスカイト構造を部分的に内包するY-Ba-Cu-O系化合物（$T_c = 90$ K）などいくつもの高温超伝導体が見いだされている。超伝導体では，電流が減衰せずに永久に流れる。これは電子がフォノンを介して引きつけあいクーパー対[8]をつくるためとされている。

半導体では，ある一定以上の熱エネルギーによって電子が価電子帯から伝導帯にバンドギャップを越えて移動し，電気伝導率σが温度上昇とともに増加する。電子の励起は熱活性型であり，化学反応と似た活性化エネルギーE，ボルツマン定数k_B，絶対温度Tを用いて，次のように表される。

$$\sigma = A\exp\left(-\frac{E}{RT}\right) \tag{5.33}$$

活性化エネルギーEは半導体のバンドギャップに相当する。

半導体素子の基本となるのがpn接合である。同じ種類のn型とp型半導体ではバンドギャップは等しいが，もともとのフェルミ準位はそれぞれn型で伝導帯に近く，p型では価電子帯に近い。pn接合をつくると界面でフェルミ準位は同じになるように近づき，伝導帯・価電子帯の位置が傾斜して**図5.9**(a)のようになる。ここで，両者の伝導帯のエネルギー差を小さくするように電場をかけるとn型半導体の電子は界面を越えて移動できるが，逆方向の電場をかけると伝導体のエネルギー差が大きくなり移動できない。これがpn接合ダイオードの整流作用（電流が一方向にしか流れない性能）の原理である。

7 熱（温度）と電気の複合的な効果を熱電効果という。ゼーベック効果は，異種の導体をつなぎ，接合部に温度差を与えると熱起電力が発生する現象で，その応用例は温度計測用の熱電対である。ペルチェ効果は異種材料の接合部に電流を流すと熱の吸放熱現象が生じる現象で，冷却素子に応用される。トムソン効果は，均一な導体で温度勾配があるときの吸発熱現象である。これらは相互に関係している。

8 クーパー対：超伝導状態を発現する電子2つがつくる対をクーパー対といい，BCS（Bardeen-Cooper-Schrieffer，この3氏は1972年のノーベル物理学賞を受賞）理論では，電子がフォノンを介して有効な引力がはたらいて形成される。しかし，高温超伝導体ではその予想よりも高温で超伝導となっており，その相互作用は電子スピンのゆらぎによるとされている。

Column 5.1

PTC効果—HaaymanとHeywang

PTC型のBaTiO$_3$半導体は，技術者である Haaymanらにより発明され，1952年にドイツで特許が取得されている。当時は，強誘電体（5.5節参照）の研究が盛んであった。Heywangはこの現象に関心をもって研究し，10年後に粒界でのキュリー相転移を用いたモデルを提案して相転移点より高い温度域での抵抗率変化を理論的に説明した。Heywangは優秀な研究者であるとともに，のちにドイツの大企業の重役にもなっている。

材料研究分野では，企業研究者も多く，世の中の役に立つすぐれた研究業績も多い。ベル研究所でのトランジスタの最初の発明には（特許をめぐって）軋轢があったことは知られている。青色LEDの発明でノーベル物理学賞を受賞した赤﨑勇は，神戸工業（現デンソーテン，かつては富士通テン）に7年間勤めた後，名古屋大学に5年間，35歳から17年間にわたり松下電器東京研究所に在籍してその技術の基礎を確立した。Haaymanの消息は知れないが，1つの発見を世に残した。

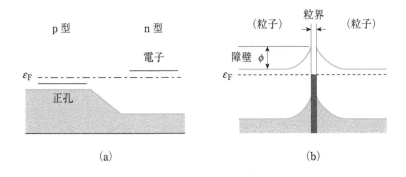

| **図5.9** | **半導体の接合のバンドの模式図**
（a）pn接合，（b）接触したn型半導体粒子界面のショットキー障壁。

n型半導体の金属酸化物粒子を接触させると，界面には**図5.9**（b）に示すようなショットキー障壁が形成される。ショットキー障壁は金属と半導体の界面に生じる構造で，電子の金属側への移動による空乏層（正の空間電荷層）によるものである。界面（粒界）のフェルミ準位に向かって半導体粒内の側からの傾斜がつきあわさったような障壁がつくられる。ここで，水素や可燃性ガスのような還元性ガスが界面に吸着すると，ガスが与える電子により障壁の正の電荷層が減少し，障壁が低くなって電流が流れやすくなる。これがセラミックス半導体のガスセンサーの原理の1つである。セラミックス半導体で正温度係数（positive temperature coeccicient, PTC）特性を示すサーミスタとして，希土類を添加したBaTiO$_3$多結晶体がある。正方晶−立方晶相転移温度以上の誘電率の変化で**図5.9**（b）の粒界でのショットキー障壁の高さ，すなわち界面での電気抵抗が急激に上昇する。

5.4 ◆ イオン伝導性

5.4.1 ◇ イオン伝導性の利用

　イオン伝導性をもつ無機材料は，ガスセンサー，一次電池，二次電池，燃料電池といった電気化学デバイスに広く利用されている。最近は，電力エネルギーの貯蔵技術としての役割が重要になっている。

　ZrO_2は，Y_2O_3–ZrO_2系固溶体焼結体の形態を制御された形で，自動車用などの酸素センサー素子の電解質材料に利用されている。また，β–アルミナとよばれる層状結晶構造の$NaAl_{11}O_{19}$焼結体が，Naを用いる二次電池（NAS電池）電解質材料として利用されている。

　一次電池，二次電池とも，焼結体ではないが，多くの無機材料が使われている。ますます注目されているのが，リチウムイオン電池用の材料である。電解質を介して，正極に$LiCoO_2$，負極にLiイオンを取り込む炭素材料が配置されていた二次電池である。このリチウムイオン電池用電極材料の開発者はともにノーベル化学賞を受賞した。

　燃料電池では，電解質に固体高分子を用いるPEFC（polymer electrolyte fuel cell）型がすでに実用化されている。一方，無機材料を電解質とする燃料電池には多くの研究例があるものの，ZrO_2やCeO_2を電解質層とする素子が試作実証されている段階である。

5.4.2 ◇ イオン伝導性と結晶構造

　イオン伝導性は，電気伝導の担い手（キャリア）がイオンであるときの電気伝導性である。イオン伝導における電場の強さと電気伝導率の関係は，電子伝導と同様である。イオンには陽イオンと陰イオンがあり，電場に対して陽イオンと陰イオンの移動する方向は逆になる。

　電子伝導とイオン伝導の両者が存在する場合，あるいは複数のイオン種がある場合，全電気伝導率σのうちの対象のイオンによる伝導率σ_iの割合を輪率t_iといい，次の式で表される。

$$t_i = \frac{\sigma_i}{\sigma} \tag{5.34}$$

注目するイオンの輪率が1である結晶をイオン伝導体，また輪率が1より小さい場合で電子伝導性も有するものを混合伝導体という。

　イオン伝導率には，イオンが移動する拡散が関与する。イオン拡散はあるサイトからエネルギー的に等価な空のサイトへ移動するランダムウォーク理論で記述することができ，イオン伝導率は次に示す**ネルンスト・アインシュタインの式**（Nernst-Einstein equation）で表される。

$$\sigma_i = \left(\frac{nZ^2e^2}{k_BT}\right)D \tag{5.35}$$

ここで，σ_iはイオン伝導率，nはイオン数，Zは価数，eは電子の電荷，k_Bはボルツマン定数，Tは絶対温度，Dは拡散係数である。拡散係数D

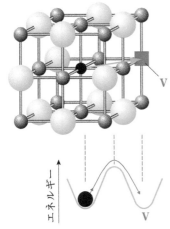

<反>

| 表5.1 | 代表的なイオン伝導体における伝導イオン，特徴，応用例 |

物質	伝導イオン	特徴	応用
α-AgI	Ag^+	等価サイト	
Y_2O_3-ZrO_2 （ジルコニア）	O_2^-	酸素欠陥，高対称性	酸素センサー，燃料電池
$Na_2O \cdot 11Al_2O_3$ （β-アルミナ）	Na^+	層状構造	二次電池 （NAS電池）
$LiCoO_2$	Li^+	層状構造	二次電池 （リチウム電池）
$BaCe(Yb)O_3$	H^+, OH^-	プロトン伝導	—
$LaFeO_3$	e, O_2^-	混合伝導，酸素欠陥，高対称性	—

| 図5.10 | 岩塩型結晶内のイオンが空サイトへエネルギー障壁を越えて移動するようす

移動するイオン●はかなり小さく描いてある。

は定数ではなく，アレニウス型の温度依存性を示す。

　正あるいは負の電荷をもったイオンは電子より大きいので，移動には固体中で空間的な制限を受けるほか，他のイオンによる静電的な引力や斥力の影響も受ける。**図5.10**に，岩塩型結晶内でイオンが空サイトへ移動するようすを示した。電荷が小さく（陽イオンであれば1価），イオン半径も小さいイオンのほうが移動しやすい。結晶格子内の格子点にあるイオンが移動するためには，移動できる空のサイトがあること，また格子内でイオン間が接近する場所を通るときには，そのポテンシャル障壁を越えることが必要である。電場の下では，サイト間の安定なポテンシャルに勾配が生まれ，イオンの流れができる。多くのイオン伝導体の結晶構造内には，点欠陥や等価な空サイトがあり，さらに結晶構造的に移動しやすい空間（隙間）がある。

　表5.1に代表的なイオン伝導体における伝導イオン，特徴，応用研究例を示す。

5.4.3 ◇ センサー，電池，燃料電池

　電解質を用いた電気化学素子であるセンサー，電池，燃料電池の間には共通の原理がはたらいている。素子の構造としては，物質AとBおよびその間にAのイオンA^iを伝導する電解質が配置されている。A^iが電解質中を拡散して酸化還元反応によりABが生成するとする。このとき，AとBの間に発生する起電力Eはギブズ自由エルギー変化ΔGにより，次のように表される。

$$\Delta G = -nFE \tag{5.36}$$

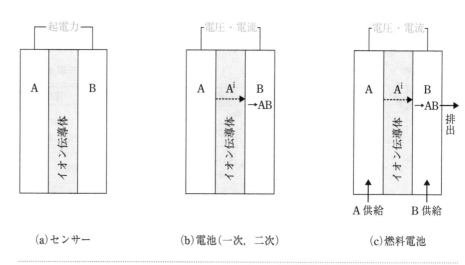

図5.11 | イオン伝導体電解質の利用原理
(a)センサー，(b)電池(一次，二次)，(c)燃料電池。

ここで，nはイオン1分子あたりに移動する電子数，Fはファラデー定数である。

以下では，イオン伝導体を用いたセンサー，電池，燃料電池のしくみについてそれぞれ**図5.11**に示す簡単な模式図を用いて考える。

A. センサー

イオンA^iとB^iがともに酸化物イオンである場合，A側とB側で酸素組成の濃度が異なるときにも起電力が発生する。電解質の両側で異なる分圧$P_{O_2}(A)$と$P_{O_2}(B)$の酸素の気体が接触しているとすれば，ΔGは次のように表される。

$$\Delta G = RT \ln \frac{P_{O_2}(B)}{P_{O_2}(A)} \qquad (5.37)$$
$$= -4FE$$

この原理を利用すれば，**図5.11**(a)のような，検出される起電力Eを検出する酸素センサーに利用することができる。

図5.12に自動車用酸素センサー素子の断面の模式図を示す。自動車では，エンジンからの排ガスに含まれる一酸化炭素CO，炭化水素(HC)，窒素酸化物NOxに対して触媒(三元触媒)を用いた浄化が行われるが，その際には触媒が高効率で排ガス成分を浄化できるように，エンジンで吸入した空気の重量と燃料の重量の比(空燃比)を最適化する必要がある。その際に，酸素センサーが機能する。高濃度酸素領域での測定では，拡散酸素量を調整して電流量の変化で検出する(限界電流式という)。

B. 電池

図5.11(b)において，A–B間を導線でつなぐと，固体電解質内でA+

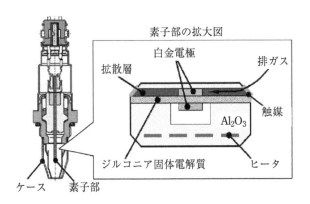

図5.12 | 自動車用薄膜型酸素センサーの構造の一例（限界電流方式）
［林下 剛ほか，自動車技術論文集，**45**, 509-514 (2014)］

B→ABの反応が生じてA^iイオンがAからBへ向かっていくと同時に，電子が回路を通ってAとBの間に流れ，反応のΔGに依存した起電力が生じる。こうして化学反応から電気エネルギーを取り出すことができる。これが一次電池である。特定成分の濃度が電解質両側で異なることにより起電力が生じる電池を濃淡電池という。

一次電池の回路に対して，起電力よりも大きい逆方向の電場を加えると，一次電池の反応とは逆の化学反応がおこり，これを充電過程として用いる電池が二次電池である。放電過程は，一次電池と同様である。

C. 燃料電池

図**5.11**(c)において，反応基質のガスなどとしてAを連続的に供給すれば反応はそのまま続いて電流も流れ続ける。すなわち，化学反応から電力を取り出すことができる。こうした電池を燃料電池とよぶ。例えば，A^iイオンをH^+，Aを水素ガス，Bを酸素ガス，固体電解質をプロトン（H^+）が伝導する材料とすれば，水素と酸素を用いた燃料電池となる。また，電解質を酸化物イオン伝導体，B^iイオンを酸化物イオンとしても燃焼電池としてはたらく。A, Bに接する電極には，イオン伝導と電子伝導の役割が必要であるので，金属と電解質の混合体や混合伝導体が用いられる。

5.4.4◇二次電池

電池は，正極および負極と電解質からなる。現状では，電池に使われる電解質の多くは固体ではなく，液体あるいは溶液を含ませた擬固体である。電極では，酸化反応と還元反応がそれぞれ半反応としておこる。二次電池は，酸化還元反応による充放電特性を示す。

鉛蓄電池は古い歴史をもつ二次電池であるが，現在も広く使われている。正極PbO_2と負極Pbが硫酸を介している構造で反応は次のとおりである[9]。

9 ここでは，全反応のみを示す。

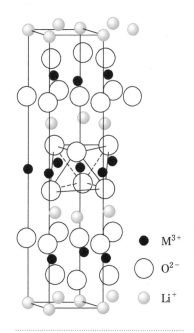

図5.13 | LiCoO₂の構造

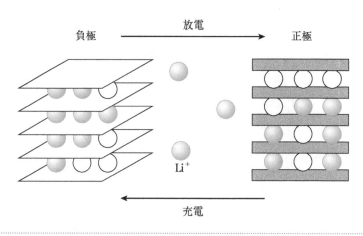

図5.14 | リチウムイオン電池の構成の模式図

$$PbO_2 + Pb + 2H_2SO_4 \rightleftarrows 2PbSO_4 + 2H_2O$$

ニッケル水素電池やニッケルカドミウム(ニッカド)電池では，水を介した水素種の移動による反応を利用している。電解質は多孔質高分子に電解液を含ませたものである。

$$NiOOH + MH \rightleftarrows Ni(OH)_2 + M \qquad (MH:金属水素化物)$$
$$2NiOOH + Cd + 2H_2O \rightleftarrows 2Ni(OH)_2 + Cd(OH)_2$$

ナトリウム硫黄(NAS)電池では，正極はNa–S，負極は溶融金属Naで，Naは正極界面でNa$^+$に酸化されて電解質であるβ–アルミナ焼結体内を移動する。

$$2Na + 5S \rightleftarrows Na_2S_5$$

リチウムイオン電池は，Li$^+$の移動を利用した電池で，エネルギー密度が高いという利点があるために電子機器などで広く用いられている。

$$Li_{1-x}CoO_2 + Li_xC \rightleftarrows LiCoO_2 + C$$

電解質には有機電解質(有機溶媒と電解質の混合物)，正極にはLi$_x$MO$_2$(M = Co, Mn, Ni, Cr, V)，負極には炭素が用いられている。このほかにセパレーターとよばれる副次反応を防ぎ，形態保持をする高分子材料が使われている。リチウム電池の負極材料は炭素でグラファイト層間化合物Li$_x$Cが生成する反応がおこる。界面反応やLi挿入時の安定性の観点から，特有の多孔性や結晶性などもった炭素材料を利用している。正極材料として主に利用されているLiCoO$_2$の構造を**図5.13**に示す。α–NaFeO$_2$型構造で，八面体のMO$_2$構造がa軸方向に連なり，MO$_6$八面体層間にLi$^+$が挿入されて，Li$^+$が移動できる構造である。$x = 0 \sim 0.5$の構造が安定で，繰り返しLi$^+$が出入りすることができる。このような

層状化合物電極間のLi$^+$のやりとりのようすを**図5.14**に模式的に示した。

　全固体型リチウム電池は，電解質を含めてすべてを固体で構成したものである。電解質としては高分子，有機液高分子混合体や無機固体が研究されている。

5.5 ◆ 誘電性

5.5.1 ◇ 誘電性の利用

　誘電体とは，それを平板状にしてその両面に電場を加えたとき，材料表面に正負の電荷があらわれて電気が蓄えられた状態になるような物質をいう。このような現象は，イオン結晶（あるいは非晶質）で固体内のイオンの変位で分極して表面に電荷を生じるためにおこる。

　電気的絶縁体は誘電体である。その用途としては，送電線の絶縁部品としての碍子（ガイシ）がある。碍子は高圧電場に対して絶縁性と耐破壊性にすぐれた長石質磁器（SiO$_2$-Al$_2$O$_3$系）の焼結体である。電気回路上の応用としてはセラミックスコンデンサーが古くから使われてきた。高誘電率のBaTiO$_3$を主成分とする小型の積層型コンデンサーが数多く生産されている。低誘電率のチタニア（TiO$_2$）系材料も利用されている。

　圧電性は圧力を加えると電荷を発生する性質であり，古くから使われた火打石はこの原理により火花を発する。圧電性を示す代表的な結晶は水晶（石英SiO$_2$の結晶）である。圧電現象はピエゾ効果（piezoelectric effect）ともよばれ，電圧を加えて変位（圧力）を取り出すこともできる。また，強誘電性のPb(Ti,Zr)O$_3$（PZT）多結晶を主成分とする圧電セラミックスが広く用いられている。交流電圧印加による変位の共振現象を利用した水晶振動子はクオーツとして時計の時間基準となっている素子である。このような圧電素子はブザーや超音波発振素子，振動センサーだけでなく，電圧印加により微小変位を制御する素子としてインクジェットプリンターやピエゾ式自動車用燃料噴射素子，超音波モーターなど，また，加速度や運動時の応力を検出する加速度センサー，ジャイロ用素子にも応用されている。ニオブ酸リチウム（LiNbO$_3$）結晶は，表面弾性波を利用した高周波回路のフィルターとして利用される。

　焦電体は，熱に感応して電荷を発生する材料で，赤外線センサーに用いられている。

5.5.2 ◇ 分極と誘電率

　絶縁体に電場を印加した場合，電荷はごくわずかしか移動せず，電気双極子（electric dipole）が生成する。これを分極（polarization）という。分極P [C/m^2]と内部電場E [V/m]の間に次のような比例関係が成り立つような誘電体を常誘電体（paraelectrics）という。

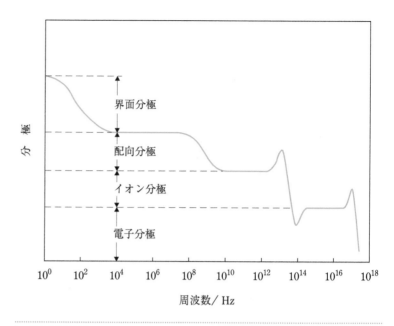

|図5.15|周波数と分極の関係

$$P = (\varepsilon - \varepsilon_0)E \tag{5.38}$$

ここで，$\varepsilon\,[\mathrm{F/m}]$は結晶の誘電率，$\varepsilon_0\,[\mathrm{F/m}]$は真空の誘電率である。$\varepsilon/\varepsilon_0$を比誘電率$\varepsilon_r$という。

分極は分子のようなミクロな大きさでもおこる。物質の分極のようすは誘電率測定によって知ることができる。分子量をM，密度をρとすると，比誘電率ε_rとモル分極P_mの関係は次のクラウジウス・モソッティの式（Clausius-Mossotti equation）で表される。

$$P_m = \frac{M}{\rho} \cdot \frac{\varepsilon_r - 1}{\varepsilon_r + 2} \tag{5.39}$$

結晶中での分極の原因としては，電子分極，イオン分極，配向分極があり，これらは異なる電場の周波数でみられる（**図5.15**）。

電子分極は，電場内に置かれた原子の原子核と電子雲の重心がずれることにより生じる。元素単体の結晶では電子分極のみがおこる。電子分極は，エネルギーの吸収，すなわち共鳴により生じ，$10^{15}\,\mathrm{Hz}$付近の紫外域の電磁波の吸収によりあらわれる。

イオン分極は，正負イオンの配列した結晶が電場内に置かれたとき，各イオンが反対方向の力を受けて変位することによっておこる。イオンの動きは電子より遅いため，より遅い電場変化$10^{13}\,\mathrm{Hz}$付近の赤外域の電磁波の吸収によりあらわれる。

配向分極は$10^6 \sim 10^9\,\mathrm{Hz}$であらわれ，化合物の構成元素間の電気陰性度の違いによって結合に電荷の偏りがある場合に生じる。分極を生じる分子や結晶内には永久双極子モーメントがあり，電場の方向に合わせるようにこの永久双極子モーメントが配向して，分極を生じる。配向分極

の分極率αは，永久双極子モーメントの大きさをmとして，次のように表される。

$$\alpha = \frac{m^2}{3k_{\mathrm{B}}T} \tag{5.40}$$

界面分極は，異なる2つ以上の物質を合わせるとその界面に分極を生じる場合で，10^4 Hz付近の電磁波の吸収によりあらわれる。誘電体が不均一であるときもこの界面分極が生じている。

交流電場での分極では，交番電場Eによって分極Pも同じ周期で変化する。しかし，電場の印加から分極が生じるまでには少しの時間遅れδがある。時間に関する擬弾性の応答と同様の扱いで，誘電率は複素表現となり，複素誘電率ε^*は角周波数ωの関数として，次のように表される。

$$\varepsilon^*(\omega) = \varepsilon'(\omega) - \mathrm{i}\varepsilon''(\omega) \tag{5.41}$$

$$\tan\delta = \frac{\varepsilon''(\omega)}{\varepsilon'(\omega)} \tag{5.42}$$

$\tan\delta$は誘電損失で，物質が吸収するエネルギーに相当する。ε'，ε''はそれぞれ誘電率の実部と虚部である。ε，P，αとωの関係を**誘電分散**という。

5.5.3◇圧電性・焦電性

圧電（ピエゾ）効果は，誘電体結晶に機械的に応力を加えると分極を生じる現象のことで，その逆，つまり電圧を加えると歪みを生じる現象も含んだ意味で用いられる。分極は，結晶内部に電気双極子が生じることによりおこるが，応力により分極を誘起できる結晶は，立方晶以外で，対称中心をもたない20種類の点群に属する結晶である。

分極Pは応力σと比例関係にあり，圧電係数d[C/N]によって次式のように結ばれる。

$$P = d\sigma \tag{5.43}$$

結晶では，この関係はテンソル成分の応力σ_{ij}を与えてP（ベクトル量）を生じるため，圧電係数d_{ijkl}を用いて行列式で表現される。なお，熱力学的な圧電現象の取り扱いは，分極のほか，歪み，応力，電場を含む圧電基本式によって表現される。

圧電結晶としてもっとも広く用いられているのは水晶である。水晶の結晶構造は三方晶で，3つの軸方向に対してそれぞれ独立の圧電係数がある。結晶の圧電性は，その結晶方位，すなわち切断された方向と形状に依存し，発生する応力が伸びあるいはせん断となるように各種の振動子は作製される。

焦電体は，温度変化ΔTに対して分極Pを生じる結晶で，10個の点群に属する結晶がこれを満たす。PとΔTは比例関係にあり，焦電係数πに

よって次のように結ばれる。

$$P = \pi \Delta T \tag{5.44}$$

5.5.4◇強誘電体

分極Pが内部電場Eに比例する常誘電体に対して，PとEが比例せず，図**5.16**のように**履歴（ヒステリシス）曲線**（hysteresis curve）で表されるようにふるまう場合がある。このような挙動を示す誘電体を**強誘電体**（ferroelectrics）という。強誘電体内には**分域**（ドメイン，domain）があり，永久双極子モーメントが向きをそろえて電場を加えなくても分極を生じている。これを自発分極という。はじめは無秩序であるが，電場の印加によって電場の向きの分極をもつ分域が増加しその最大量で飽和する。図**5.16**で，A–B–Cの線のように変化し，そのあと電場を除くと，向きをそろえた分域の分極が残る。これを**残留分極**（residual polarization）といい，P_rで表す。分極をゼロにするには，分域の向きを戻す必要があり，逆方向の電場が印加される。これを抗電場E_cという。逆の電場に対しても逆方向の同じ現象がおこり，ヒステリシスが図**5.16**のB–D–F–G–Bのように繰り返される。

自発分極をもつ状態は，結晶構造の特徴により極性を生じる軸を有する10個の点群に属する結晶であらわれる。強誘電体のほとんどの結晶は，温度を上昇させると常誘電体になるような構造相転移をおこす。温度を上げていくとある温度で自発分極は失われ，ゼロとなる。この温度をキュリー温度T_Cとよぶ。常誘電体の誘電率ε_rは次の温度依存性を示すことが実験的に示されている。

$$\varepsilon_r = \frac{C}{T - T_C} \tag{5.45}$$

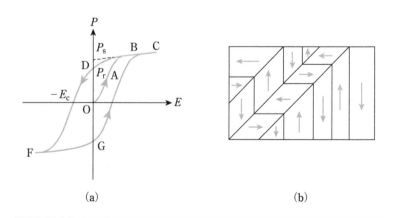

(a) (b)

|図**5.16**|**強誘電体のヒステリシス特性と分域**
(a)強誘電体の分極Pと電場Eの関係（ヒステリシス曲線），(b)結晶内分域の模式図とその中の分極方向。

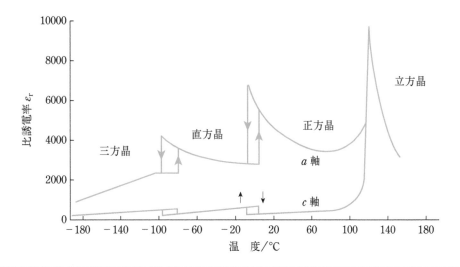

| 図**5.17** | **BaTiO₃の比誘電率の温度変化**

図5.17 | BaTiO$_3$の比誘電率の温度変化

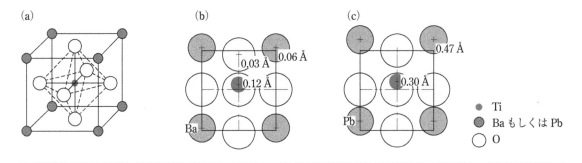

図5.18 | BaTiO$_3$およびPbTiO$_3$におけるイオン分極

(a)BaTiO$_3$およびPbTiO$_3$(ペロブスカイト型)の構造, (b)BaTiO$_3$内のTiの変位, (c)PbTiO$_3$内のTiの変位。

ここで，Cはキュリー定数である。この関係式を**キュリー・ワイスの法則**（Curie-Weiss law）という。有用な強誘電体であるBaTiO$_3$は**図5.17**に示すように構造相転移をおこし，相転移点付近で比誘電率の変化が観測される。

　強誘電性の起源について結晶構造から考えてみると，イオン結晶が自発分極をもつためには陰陽イオンが分極を生じるように変位して配列していることが重要である。強誘電体の代表的な材料BaTiO$_3$結晶は約120℃以上で立方晶をとり，温度を下げると正方晶に相転移する。正方晶では，**図5.18**のように，小さいTiイオンが格子内でc軸方向に変位し，Ti-O間で電荷が偏り，分極が生じる。これが結晶の分域全体に及んで電場がなくても自発分極を生じる。PbTiO$_3$結晶ではより大きいTiの変位と歪みがある。立方晶は対称的な構造であり，このような偏りができないために高温では常誘電体となる。

5.5.5◇多結晶の強誘電体

　圧電性や強誘電性は結晶の性質であるが，性能面で見合う性質が得られるなら，コスト面を考えると多結晶（焼結体）を用いたほうがよい。技術開発が進み，多結晶からなる強誘電体を利用した圧電セラミックスやセラミックスコンデンサーが数多く生産されている。

　強誘電体の誘電率が非常に大きいことは以下のように示される。常誘電体では，$P = (\varepsilon - \varepsilon_0)E$ から次の関係が得られる。

$$\varepsilon = \varepsilon_0 + \frac{P}{E} \tag{5.46}$$

一方，強誘電体では，**図5.16**の原点付近の P と E の関係から，P/E の微分 $\mathrm{d}P/\mathrm{d}E$ を用いると，誘電率 $\varepsilon(f)$ と比誘電率 $\varepsilon_r(f)$ は次のように表される。

$$\varepsilon(f) = \varepsilon_0 + \frac{\mathrm{d}P}{\mathrm{d}E} \tag{5.47}$$

$$\varepsilon_r(f) = 1 + \frac{1}{\varepsilon_0}\frac{\mathrm{d}P}{\mathrm{d}E} \tag{5.48}$$

$\mathrm{d}P/\mathrm{d}E$ が大きいため，誘電率は非常に大きくなる。この特徴から，強誘電体は電気回路において小型コンデンサー用材料として広く利用されている。

　強誘電体結晶に機械的歪みを与えて，陰陽イオン間距離を変化させると，自発分極に加えてさらに電荷が生じる，すなわち圧電効果が観測される。多結晶にこのような単結晶類似の性質をもたせるためには，無配向の多結晶体の後処理によって分域の配向構造を付与することが重要である。まず，焼結によって多結晶体を作製し，次にそれに電場をかけ[11]，相転移点 T_c 以上の温度で一定時間保持した後，徐々に温度を下げる。これによって相転移した後の多結晶体の中の強誘電体相（結晶）で分極した状態（残留分極）が発現する。これを分極処理という。結晶内には微小なドメインは材料全体から見て一方向を向いている。このようにして多結晶でも異方性をもつような $BaTiO_3$ 系，PZT系の圧電材料が，その性能の改良に適した成分を添加して作製されている。また，研究段階ではあるが，有害な Pb を用いない圧電体も新材料として研究されている。

11　電場をかける際には，油のような絶縁物内に置かれる。

5.6 ◆ 光学的性質

5.6.1 ◇ 光学的性質の利用

光学的な性質としての無機材料の特徴はその透明性や着色性であり，これは古くからケイ酸塩ガラスやそれを色付けしたものは顔料やガラスとして利用されてきた。また，これらの成分に他の元素を添加することによって光吸収や屈折率を制御し，形状を設計したレンズやフィルターが広く使われている。SiO_2などの無機ガラスの光ファイバーも，円柱の半径方向の屈折率制御をほどこしたこのような応用例の1つである。

多結晶材料として最初の機能性セラミックスは，ナトリウムランプ用に開発された透明アルミナで，耐熱性と透明性をあわせもつ。

外部からのエネルギーに応答して発光する現象は照明用材料として使用されている。LEDは，pn接合界面での電子と正孔の再結合により生じる発光を利用した素子で，GaAs系は赤色，GaN系では緑に加えて青色にも発色し，これら3原色を組み合わせて白色光源として広く利用される。希土類元素や遷移金属を添加した硫化物や酸化物(ZnS, Y_2O_2Sなど)が，蛍光やリン光の性質を利用して各種の表示素子やLED素子内などに用いられる。また，高強度光を発振するレーザー用の材料も，Nd添加YAG($Y_3Al_5O_{17}$)，ルビー(Cr添加Al_2O_3)などそれぞれの組成により数多く開発されている。

さらに光学的性質と他の物性との相互作用を利用したものには，光メモリーや光通信用アイソレータ素子($Bi_3Fe_5O_{12}$など)，波長偏光素子(KH_2PO_4など)がある。

光に関連する現象の利用では，シリコン(Si)系太陽電池やTiO_2光触媒も無機材料が活用される分野であるので，ここで説明する。

5.6.2 ◇ 光の吸収と材料の色

光の吸収にはいくつかの機構がある。短波長側から，基礎吸収(固有吸収)，励起子(エキシトン)吸収，不純物による吸収，伝導吸収，格子振動による吸収がある。

基礎吸収は，バンド間の遷移に対応する吸収端のエネルギーより大きい光の吸収で，電子は価電子帯から伝導帯へと励起される。光吸収測定を行い，エネルギーと吸収係数の関係を調べると，あるエネルギー以上で吸収が観測される。この立ち上がり位置を内挿して得られる吸収係数ゼロのエネルギー位置を吸収端といい，バンドギャップの幅に相当する[12]。

励起子とは，電子と正孔の対が静電引力によって束縛された状態にあるもので，励起子が吸収する光のエネルギーは，バンド間遷移のエネルギーよりもやや低いエネルギーである。F中心はイオン結晶の陰イオン欠陥に電子が残った状態である。バンドギャップの中間に準位が形成され，電子は光を吸収してその準位へ励起する。その結果，結晶に色がつ

12 光のエネルギーEと光の振動数ν，プランク定数hの間には$E = h\nu$の関係がある。νと波長λ，光速cとの間には，$\nu = c/\lambda$の関係がある。

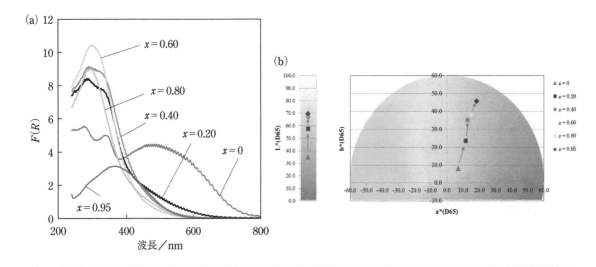

図5.19 | **CeO₂系固溶体(ZrₓCe₀.₉₅₋ₓTb₀.₀₅O₂₋δ)の(a)吸収スペクトルおよび(b)色座標上での色変化**
(a)拡散反射スペクトル。*F*(*R*)はクベルカームンク関数。(b)CIE L*a*b*色空間による色の表示。座標のL*は明るさ,a*,b*は色の相対値を表す。
(a)からわかるように,可視域(400〜800 nm付近)の色調が異なっている。

くため,F中心は色中心(カラーセンター)ともよばれている。

イオン結晶では,約100 cm⁻¹以下の低波数の赤外域に吸収がみられ,赤外線の吸収から結晶の格子振動エネルギーを評価することができる。

可視域での材料の色は,吸収されなかった残りの波長の光が合成されたものである。可視域でこのように着色された材料は無機顔料としての用途があり,さまざまな機構により吸収域が調整される。**図5.19**はCeO₂系固溶体の色と吸収スペクトルを示している。吸収域はCe³⁺中心(300 nmの吸収帯)近傍の構造に依存するので,他の元素添加の影響を受けて変化する。色は他の元素の添加にともなって黄色から茶色へと変化する。色は色座標上の数値で表現される。

5.6.3◇発光

電磁波の照射,電場の印加,電子線の照射によって励起状態に励起した物質中の電子が,元の基底状態に戻る(緩和)とき,基底状態と励起状態のエネルギー差に相当するエネルギーをもつ電磁波を放出する。この現象をルミネッセンスといい,蛍光とリン光がある。一般に,蛍光とリン光は,発光が継続しておこる寿命で区別され,リン光のほうが長く,数秒にもなることがある。発光機構としては,励起一重項から基底一重項の遷移を蛍光,励起三重項状態から基底一重項状態への遷移をリン光という。ルミネッセンスは,その励起源の名称,すなわちフォト(光),エレクトロ(電気),ケミ(化学),バイオ(生物),放射線,X線,カソード(陽極),サーマル(熱),メカノ(機械的)を冠してよばれる。

フォトルミネッセンスにおける励起効率および発光効率には,バンド構造を反映した波長依存性がある。希土類元素はf軌道にエネルギー差の小さい軌道を多数もち,さまざまなエネルギーの組み合わせで光によ

る電子の励起(遷移)がおこる。そのため，希土類元素の種類によって特有な発光を示す。また，結晶場の影響を受けやすく，発光材料の開発では最適な発光色を得るために少量添加(ドーピング)した希土類元素がよく用いられる。バンド間のエネルギー幅に等しいエネルギーを吸収あるいは発光する場合を直接遷移といい，スペクトルは鋭いピークを示す。光のエネルギーとバンドギャップなどが完全には一致せず，照射した波長の光の一部のエネルギーを吸収・発光する遷移を間接遷移という。

5.6.4◇光と電場・磁場との相互作用

光を当てると伝導電子を生じる現象を光電効果，また，光電効果により流れる電流を光電流という。pn接合にバンドギャップ以上の光を照射すると起電力を生じる現象を光起電力効果といい，この原理を用いた素子が太陽電池である。図5.20にSi系太陽電池の素子構造と原理を模式的に示す。光により電子が励起されて伝導帯の電子が増加し，価電子帯には正孔が生じる。電子はn型，正孔はp型半導体に移動して起電力が発生する。

太陽電池の原理は，光センサーにも応用されている。多結晶やアモルファスSiは比較的低コストで，太陽光の吸収係数が大きく起電力が高いため，広く実用化されている。

発光ダイオード(LED)の基本構造もp型半導体とn型半導体が接合されたpn接合である。電極から半導体に注入された電子と正孔はpn接合部付近で再結合する。再結合前後の電子のエネルギー差に相当する波長の光を発光するが，この波長は半導体のバンドギャップに対応している。

レーザーは励起波長と発光波長が同じになるように設計された蛍光材料の両端反射面で光が往復して増幅され，位相のそろった光が出力される素子である。ルビー(Cr添加Al_2O_3)レーザーでは，694 nmの光照射によって照射した光と同じ波長の発光が生じる。半導体レーザーは，p型およびn型半導体の2つの層の間に発光層がある構造である。

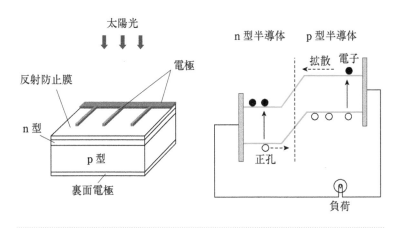

図5.20 | Si系太陽電池の素子構造と原理

光が電場および電場の影響を受けている物質と相互作用する際に発生する現象を総じて電気光学効果とよぶ。とくに屈折率が電場の強度に比例して変化するポッケルス効果，また電場の強度の二乗に比例して変化するカー効果が知られている。また，光の強度（電場振幅の2乗）の2乗，3乗に比例した分極が生じる挙動を非線形光学効果という。非線形光学効果はLiNbO$_3$などで見いだされている。

磁場による光活性化現象のことを広く磁気光学効果という。このうちとくに磁場内を直線偏光が通るときに偏光面が回転する現象であるファラデー効果，直線偏光を磁化した材料表面に当てると反射光が楕円偏光となる磁気カー効果により，ガーネット結晶（Y$_3$Fe$_5$O$_{12}$, YIG）が磁気記録素子に応用されている。

5.6.5◇光触媒と色素増感太陽電池

本来，光触媒とは光で励起される触媒現象で，化学反応の活性化エネルギーに等しい光の照射による反応促進を対象としていたが，無機材料によるいわゆる水の光触媒分解が見いだされてから，不均一系触媒での触媒現象を広く指すことが多くなった。主にTiO$_2$系で見いだされるさまざまな反応が注目されている。

TiO$_2$と白金を電極として，TiO$_2$に紫外（UV）光を照射すると水の分解がおこり，水素H$_2$と酸素O$_2$が発生する。TiO$_2$のバンドギャップ以上のエネルギーをもつ光によって電子が励起され，電子が還元反応を，正孔が酸化反応をおこすことによる。

この現象はTiO$_2$粒子や膜内でもおこり，汚れの分解除去に利用でき，環境浄化の目的で幅広く応用されている。また，光照射により表面が親水性を示すことから，コーティング剤としても利用されている。

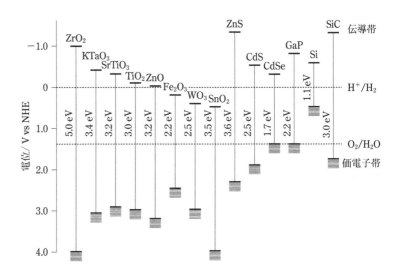

図5.21 いろいろな半導体のバンドギャップとH$_2$とO$_2$生成の電位の関係

|図5.22| **色素増感太陽電池の構成と原理**

　光励起による電子と正孔の生成現象はTiO$_2$以外の半導体上でもおこるため，さまざまな半導体が研究されている。**図5.21**に，半導体のバンドギャップを示す。水の電気分解の準位を挟み，紫外光また可視光照射で電子が励起される材料では，原理上，上記の光触媒反応のための電子と正孔が生成する。水分解では，粉末の懸濁液を用いて，励起準位を制御する犠牲剤を共存させた系で比較的高効率の水分解反応が報告されてきている。

　色素増感太陽電池（グレッツェルセル）は，TiO$_2$と可視光を効率よく吸収するための金属錯体の組み合わせにより光の利用効率を向上させ，電極によって電流を取り出すようにしたものである。**図5.22**のように，色素の金属錯体が可視光を吸収して電子が励起され，TiO$_2$の伝導帯に注入されて電極上に移る。錯体には電解質中の還元種（I$^-$）がはたらき，酸化された電解質中の正孔が対電極に運ばれて，電流を取り出すしくみである。

5.7◆磁気的性質

5.7.1◇磁気的性質の利用

　磁気的性質を利用した材料では，まず永久磁石（硬質磁性材料）が重要である。合金系としてアルニコ鋼（Fe–Co–Ni–Al系），MK鋼（Fe–Al–Ni系），またセラミックスとしてフェライト系（MO·6Fe$_2$O$_3$：M＝Ba, Sr, Pb），希土類磁石として金属間化合物がある。その性能は磁化曲線によって説明される。

　現在の高性能磁石は，Sm–Co系やNd–Fe–B系のいわゆる希土類磁石が主体で，高出力駆動用小型モーターの開発はこのような材料によって実現した。佐川らの発明したNd–Fe–B系材料は粉末冶金の技術を用いた焼結体である。組織内に複数の相があり，また液相が焼結性と特性に

影響する。また，ボンド磁石とよばれる接着剤を加えて成形した材料も利用されている。フェライト系磁石は，Fe_2O_3が主成分のマグネトプランバイト構造（$MFe_{12}O_{19}$，$M = Ba, Sr$）の結晶からなる焼結体で，高性能の割に安価であり，多く生産されている。

　軟質磁性材料は，Fe-Ni系のパーマロイ，ケイ素鋼（Fe-Si系），フェライトなどで，磁気ヘッド，変圧器，高周波トランス用コア，磁気シールドなどに用いられる。セラミックスの軟質フェライトはスピネル型構造をもち，その焼結体は高周波用コア材料として広く用いられている。

　磁気記録用の材料としては，かつては磁気記録テープ用の充填粉末として針状のガンマヘマタイト（γ-Fe_2O_3）やこれにコバルトを添加した材料が主に使われていた。また，磁気記録用ヘッド材として，Mn-Zn系フェライト（単結晶，多結晶）が利用される。

　このほかに，スピントロニクスとよばれるスピン状態と電荷の相互作用による現象に着目した新しい研究分野もある。

5.7.2◇原子内の磁気

　磁気量の基本は磁気双極子モーメントであり，磁気双極子モーメントは，長さlの棒の両端にある磁荷q_mを考えると，次のように表される。

$$\mu_m = q_m l \tag{5.49}$$

μ_mとlはベクトルで，lはμ_mと同じ向きをもつ。

　原子には，軌道磁気モーメントとスピン磁気モーメントがある。軌道磁気モーメントは最小単位μ_B（ボーア磁子）で不連続なとびとびの値をとる。電子軌道は原子のまわりの円形軌道であるので，円形コイルの磁気モーメントを考え，これと軌道の軌道角運動量が量子化されていることから，最小単位ボーア磁子が導き出される。

$$\mu_B = \frac{q\hbar}{2m_0} \tag{5.50}$$

ここで，m_0は電子の質量，qは電子の電荷，$\hbar$は換算プランク定数である。これは磁場中でさらにエネルギー分裂する（ゼーマン効果）。

　スピン磁気モーメントは，電子内の自由度としてもっているスピンにより生じ，軌道と同様に量子化されている。

　原子の磁気モーメントは，これら2つの磁気モーメントの和となり，g因子を用いて，次のように表される。

$$m = g\mu_B \boldsymbol{J} \tag{5.51}$$

ここで，$\boldsymbol{m}$は磁気モーメント（ベクトル），$\boldsymbol{J}$は軌道角運動量量子数（ベクトル）であり，gは単純な数値にはならない。

5.7.3◇磁性体

磁場中におかれた物質がどの程度磁化されるかを示す物性値として磁化率χ_mがある。

$$\chi_m = \frac{M}{H} \tag{5.52}$$

ここで，Hは磁場，Mは磁化である[13]。**表5.2**に磁性体の分類を示した。

常磁性体では，永久双極子が無秩序に配列し，磁化率は低い。Al, Pt, Naなどは常磁性体である。

反強磁性体は，等しい双極子が逆向き平行に配列して打ち消しあっているような場合で，常磁性と同じく磁化率は低い。MnO, NiO, FeSなどが反強磁性体である。

フェリ磁性体は，異なる双極子が逆平行に配列しており，磁化率は高く，広義の強磁性体に含まれる。Fe_3O_4（マグネタイト），$MnFe_2O_4$などのMnサイトを他の遷移金属で置換した一連のフェライト，$Y_3Fe_5O_{12}$などのYサイトを希土類で置換した鉄ガーネットがフェリ磁性体である。

フェロ磁性体（強磁性体）は，等しい双極子が平行に配列しており，自発磁化をもつが，磁場をかけない状態では磁化を生じない。磁化率は高く，$10^3 \sim 10^6$で，磁場により磁石になるという性質は実用上で役立つ。Fe, Co, Niおよびその合金などがフェロ磁性体である。

反磁性体は，磁場に対して負の磁化率を示す物質で，磁気モーメントをもたない。ほとんどの物質が有しているスピンが対になった電子は非常に弱い反磁性を示すが，超伝導体では磁場を排除するマイスナー効果を示す。

常磁性体の磁化は温度とともに大きくなる。また，強磁性体もある温度まで上げると常磁性体になる。常磁性体および高温の常磁性体の磁化率χ_mは，キュリー定数C，温度Tとの間に次の関係がある。

$$\chi_m = \frac{C}{T - T_C} \tag{5.53}$$

このT_Cも，強誘電体が常誘電体に転移する温度と同じくキュリー温度という。

13　磁場（磁界）Hはコイルに電流（A，アンペア）を流したときに発生する強さ（A/m）である。また，2つの磁極（Wb，ウェーバー）間にはたらく力でもHが定義でき，ガウスの定理により，磁束密度B（T，テスラまたはWb/m^2）$= \mu_0 H$である。磁化M〔Wb·m〕は，単位体積あたりの磁気モーメントで定義される。

表5.2 | 磁性体の分類

磁性体の分類	磁化率の目安	永久双極子間相互作用
常磁性	$10^{-5} \sim 10^{-3}$	無秩序に配列
反強磁性	$10^{-5} \sim 10^{-3}$	等しい双極子の逆配列
フェリ磁性	$10^3 \sim 10^6$	異なる双極子の逆平行配列
フェロ磁性	$10^3 \sim 10^6$（磁場に依存）	等しい双極子の平行配列
反磁性	$\sim -10^{-5}$	誘導

5.7.4 ◇ 磁化曲線

磁化していない強磁性体を磁場 H [A/m] の下に置くと，図5.23のような磁化曲線が得られる。縦軸は，磁束密度 B [T] で示され，B は透磁率 μ_0 との間に次の関係がある。

$$B = \mu_0 H + M \tag{5.54}$$

$H = 0$ からAに立ち上がる傾きを初透磁率という。Aを経てCまで増加させた後，H を低下させて0に戻すと，縦軸はゼロとはならず，磁化が残る。このときの磁化を残留磁化といい，切片 B_r を残留磁束密度という。Cから，さらに H を増加させても B は増加しないので，このときの磁化を**飽和磁化**（saturation magnetization）という。また，B が0になる磁場 H_c を保磁力という。H_c からGさらにCに戻り，あとは同じ履歴をたどるヒステリシス曲線を示す。この曲線上で積 BH の最大値が永久磁石の特性を表す値として用いられる。H_c の大きいものを硬磁性（硬質磁性材料），小さいものを軟磁性（軟質磁性材料）という。

自発磁化をもつ小さな領域を**磁区**（domain）とよぶ。図5.24に示すように，磁化ははじめ無秩序であるが，磁場によって向きを変えて一方向に並ぶ。このようすは，初透磁率を示す立ち上がり部分にあらわれ，自発磁化がない状態から，磁区の配向によって磁化が生じ，最後に磁場方向に磁区が回転して磁化は最大となる。

軟質磁性材料は，飽和磁化が大きく，透磁率が大きく，H 軸への幅が狭い磁化曲線となる材料である。硬質磁性材料は，飽和磁化，残留磁化，保持力が高く，永久磁石としてすぐれている。両者の中間の性質をもつセラミックス材料は，ヒステリシスを利用した磁気記録材として利用さ

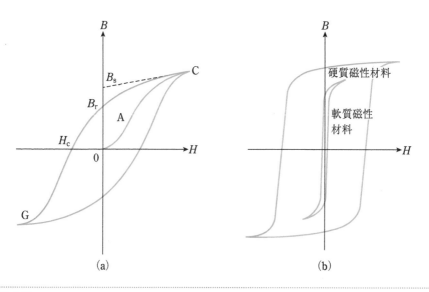

図5.23 | 磁化曲線
(a) ヒステリシス曲線，(b) 軟質磁性材料と硬質磁性材料のヒステリシスの違い。

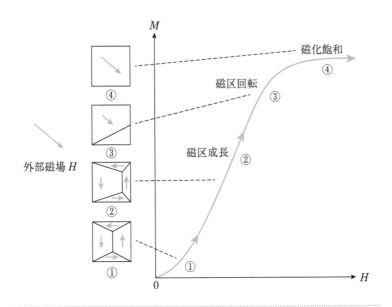

|図5.24|**初透磁率を示すときの磁区の変化**

れる。

5.8◆生体関連材料

5.8.1◇生体内の無機材料

　生体の多くは水と有機物から構成されているが，生体内には骨や歯の材質であるヒドロキシアパタイトも存在する。骨はコラーゲン繊維と複合してさまざまな多孔体あるいは緻密な組織をつくっており，とくに荷重や衝撃に耐え，体を支える役割を担っている。ヒドロキシアパタイトは図**5.25**に示すように六方晶の結晶で，組成式は$Ca_{10}(PO_4)_6(OH)_2$で

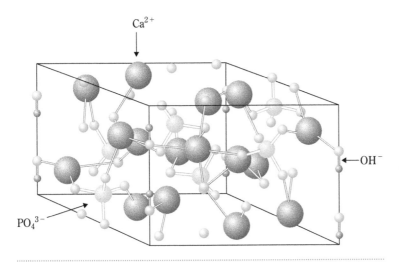

|図5.25|**ヒドロキシアパタイト $Ca_{10}(PO_4)_6(OH)_2$ の結晶構造**

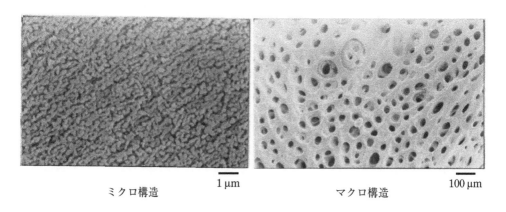

<table>
<tr><td>ミクロ構造</td><td>1 μm</td><td>マクロ構造</td><td>100 μm</td></tr>
</table>

| 図5.26 | 魚の骨組織

ある。親水性のOH⁻と疎水性のPO_4^{3-}を含み，タンパク質と適度な水素結合を形成して吸着しやすい。また，対称性からOH⁻やPO_4^{3-}が多いc面は負に帯電し，Ca^{2+}の多いa面は正に帯電する。そのため，c面は塩基性タンパク質，a面は酸性タンパク質と特異的に吸着する。骨は，生体内で細胞のはたらきにより生合成される一方で，骨組織は常に破壊されて再構成（リモデリング）により更新されている。**図5.26**は，魚骨を焼成した後の組織で，コラーゲンによりつくられるヒドロキシアパタイトの多孔質組織と結晶配向がみられる。

貝殻は，$CaCO_3$（アラゴナイト，あられ石）の微小平板がタンパク質によって貼り合わされた積層構造をもつ複合体である。珪藻はSiO_2を主成分とする殻をもっており，これが化石化したものが珪藻土である。また，走磁性細菌はマグネタイト（Fe_3O_4）を合成することが知られている。

生物由来の無機物質の生成機構には未解明な部分が多いが，バイオミメティック（生体模倣から誘導される）研究や合成方法の探索手段として関心がもたれることがある。

5.8.2 ◇ 生体材料

人体内でいったん欠損すると再生不可能な生体組織について，その置換や修復を目的として，人工的な材料で置き換えて機能を補うのが生体材料（生体代替材料）であり，広くバイオマテリアルとよばれている。バイオマテリアルは金属，セラミックス，高分子材料，生体抽出材などに分かれる。金属では，血管挿入ステント，人工心臓弁，人工関節，歯科インプラントなどに対して，316ステンレス鋼，Co-Cr-Mo-Ni系合金，純Ti，Ti-6Al-4V系合金などが用いられ，いずれも生体内で腐食しない特徴をもつ。骨格の代替の場合の基本要素は，高強度，高靱性であり，骨同様の機械的性質が求められる。

セラミックスでは，義歯，セメント，歯根，クラウン，人工関節などに対して，主にアルミナやジルコニアが用いられ，高強度，硬質，耐摩

図5.27 | 医療用生体セラミックスの例（人工関節部材）
[S. D. Dorozhkin *et al.*, *J. Funct. Biomater.*, **1**, 22–107 (2010)]

耗性，耐腐食性などの性質が活用されている。$Ca_{10}(PO_4)_6(OH)_2$の多孔質材は人工骨修復に，またβ型リン酸三カルシウムは骨に吸収されて局部の骨再生に用いられている。**図5.27**は，関節部分に玉状のセラミックス材を用い，骨の代替と接合部分にはこれと接合した金属材を用いた人工関節部材の例である。

　さらに，内科的な治療に無機錯体や無機材料を用いた研究もある。例えば，磁性酸化鉄微粒子に治療薬を含ませ，磁力を当てて患部に集積させて，高濃度の薬剤を局所的に投与することが試みられている。実際には，注射によって血管に入り，患部に到達できるような適切な形状と大きさ，さらには薬剤保持力をもった微粒子が必要とされる。患部に対する交番磁場の印加により発熱させて，熱に対して弱いがん細胞を減少させるような治療も試みられている。

　その他として，生体材料には分類されないが，身近には古くから化粧品として，白粉（おしろい），紅（べに）といった無機顔料が用いられてきた。白粉には，塩基性炭酸鉛や塩化水銀が長らく用いられてきた。化粧品は，現在でも高付加価値で身近な無機材料の用途となっているが，安全性には十分な配慮がなされている。ファンデーションが一般化し，素肌の質感を隠ぺいせずに，皮膚の欠点だけを自然にカバーして，肌を美しく見せることが望まれている。化粧品では，無機付着膜の光学特性をいかに制御するかが重要な技術課題で，光の反射，散乱，透過，吸収といった光学的な性質が考慮される。マイカ（雲母），硫酸バリウム，水酸化アルミニウムや各種被覆粉体などの無機材料の微粒子が利用される。有害な紫外線遮蔽に化粧品に求められる性能としては，紫外線防御能のほか，皮膚に塗布したときの透明性，耐水性などがあり，黄色系顔料のCeO_2系微粒子などが利用されている。

5.8.3◇生体材料の基礎現象

　硬組織の代わりとして人工的な生体材料を生体に入れた場合，固体と液体あるいは細胞間には，さまざまな相互作用がはたらく。固体表面上に水（一般に液体）を接触させたとき，接点から引いた水表面との接線が固体表面となす角θを接触角という（第3章図3.3参照）。θがゼロに近いほどその表面は親水性であるといい，$180°$に近いほど疎水性であるとい

う。表面張力を小さくする性質をもつ分子を界面活性剤といい，界面活性剤は1つの分子内に親水性基と疎水性基をもって両相の間の界面エネルギーを小さくする。界面活性剤の吸着性により固体表面上の疎水／親水性を制御でき，これが細胞のタンパク質の定着に大きく影響するとされている。

　固体と極性溶媒（液体）の界面には，固体表面の電位（帯電）とこれに吸着したイオンおよびその外側のイオンの分布する拡散層からなる電気二重層があり，粒子や分子の間の電気的相互作用に影響する。また，より接近した距離での相互作用では，分子の分極による固体表面への相互作用がある。細胞膜類似分子膜などの固体表面上への形成においては，その固定化のためこれらの相互作用が制御される。

　固体表面での腐食や堆積，成長などの現象は，物理化学や反応論の原理（反応平衡，電位，拡散など）に従って，生体内でもおこる。また，硬組織に適した材料設計では，一般的な力学物性である強度，弾性率，耐摩耗性，疲労などに加えて患部（骨代替部）の応力−歪み挙動や耐衝撃性が重要である。これらが，長期の使用で損なわれないような材料の作製，表面処理，形状の設計がなされる。さらに，生体特有の現象として，血液凝固反応，免疫反応，組織反応などがあらわれる。また，生体吸収が加水分解反応を通じておこり，代謝されて排出される。

　一般に，生体細胞は異物に対して拒絶反応を示すので，これらの材料にとっては生体適合性や生体親和性といわれるような，人体に入れてもそのまま安定に存在する性質が求められる。生体適合性の第一は非溶解性であり，長期の使用により微量金属成分がイオンとして体内に流入すると毒性を呈する場合があるので，これを避ける必要がある。逆に，生体による溶解作用を生かし，無機質内のCa成分が体内で骨に固着する性質を利用したリン酸三カルシウム系骨再生材が用いられる。さらに，各種の無機部材が生体組織に入ると細胞の成長が妨げられる可能性があるので，人体の細胞の接着と増殖を可能にする材料の表面処理が重要な技術となる。細胞の定着と成長については，実験室では*in vitro*（イン・ビトロ）とよばれる「ガラス管内の」という意味の体内に似た環境を人工的に作り，生体との反応を試験する。これに対して*in vivo*（イン・ビボ）は「生体内の」という意味で，実験動物などを用いて生体内や細胞内で試験することを指す。

　これらの現象は，医学，生化学の分野との境界にあり，簡単なモデルで説明できないことも多い。生体内で忌避性や特異原性を示さないなど，医療上での課題解決を経て，生体材料は実用化される。

5.9 ◆ 表面の化学的性質

5.9.1 ◇ 表面の化学的性質の利用

無機材料の表面の物理的性質は，pn接合のように，電子の放出や他の材料との界面形成による機能の発現に利用される。一方，化学的性質は，吸着性や触媒性が広く利用されるとともに，材料の作製や利用の際に材料表面でのさまざまな現象があらわれる。

ケイ酸塩化合物のゼオライトは，天然品が吸着材として身近に使われ，合成品の多くは化学合成および環境保全用触媒として利用されている。ゼオライトの一般式は $M_{n+x}n\left[(AlO_2)_x(SiO_2)_{2-x}\right]\cdot mH_2O$ で表され，M は一般に第1族あるいは第2族元素の金属であるが，その他の遷移金属とすることも可能である。Al/Si比は最大1である。**図5.28**にゼオライトの構造を描いたいくつかの例を示す。SiO_4 と AlO_4 四面体が規則的に三次元構造をつくり，内部に細孔をもつが，その大きさはゼオライトの種類により異なる。このようなナノレベルの空間と内部表面は，分子やイオンの貯蔵，交換，反応に適した構造である。また，層状粘土鉱物を利用した吸着材も，塩素やその他有害な物質の回収に役立っている。

無機材料は，不均一触媒として気相，液相での反応を促進する不均一系触媒の成分として広く利用され，工業用触媒のほとんどは少量の金属成分と多量の金属酸化物などの組み合わせからなる。例えば，ZrO_2 は代表的な高強度セラミックスであるが，その生産量（原料）の約40%は触媒担体に用いられる。準安定な活性アルミナは多くの触媒の担体であ

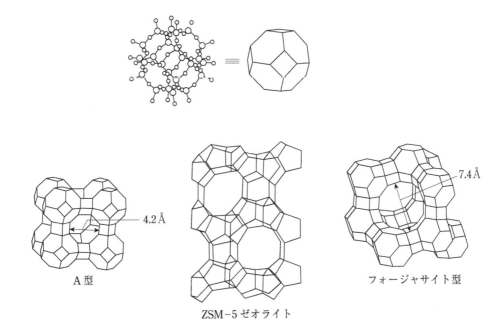

A型

ZSM-5 ゼオライト

フォージャサイト型

4.2 Å

7.4 Å

図5.28 | **SiO_4単位がつくるいくつかのゼオライトの構造と細孔**

る。さらに，燃料電池やセンサーなどの電気化学素子には電極機能を高める触媒（Pt/C系など）が利用されている。

触媒のこのような性質は，無機材料の結晶構造，形態（多孔性），吸着性，反応性（中間体の生成）などによるもので，それらの起源は触媒表面の電子状態と原子レベルの構造である。

セラミックスの製造時には，粉体表面と添加剤，とくに有機材との相互作用で造粒や分散といった製造工程上の改良を行うといった役割も固体表面にはある。

材料の界面にまで目を広げると，電池での電極／電解質界面における反応では，界面でイオン挿入が行われており，それをおこす界面の電位（過電圧の発生）や適切な界面構造の形成が重要な因子になる。さらには，粒界の接合性（PTCやバリスタ）などにおいても表面・界面の制御が重要である。

5.9.2◇表面構造，吸着と帯電

表面は，固体の連続性が絶たれて原子や分子が露出した1層すなわち二次元的な面となった状態である。理想的な表面では，結晶面が(100)面のように平坦であるが，粉末などではステップ，キンク，付着原子（アドアトム）や空孔のある複雑な構造になる（第4章図4.7参照）。表面では，化学結合が途絶えているために，電子状態が内部とは異なり，電子の染み出しや電荷の分極がおこる。さらには原子位置の変位がおこるが，これは表面での構造緩和である。

このような表面に気相や液相の分子や原子が衝突すると，その運動エネルギーを失って固体表面にとどまるようになる。これが吸着現象である。吸着には，化学吸着と物理吸着がある。化学吸着は，表面と分子の間に何らかの化学結合が形成されて吸着する状態である。このような分子の表面への化学吸着に関してもっとも簡単なモデルとして**ラングミュアの吸着等温式**（Langmur adsorption isotherm）がある。表面が分子1層で満たされるまで吸着し，それ以上は吸着しない状態を仮定しており，次の関係が成り立つ。

$$\frac{v}{v_\mathrm{m}} = \frac{Kp}{1+Kp} \tag{5.55}$$

$$K = \frac{k_\mathrm{a}}{k_\mathrm{d}} \tag{5.56}$$

ここで，vは吸着する分子の吸着量，v_mは表面に分子1層が吸着したときの吸着量，k_aおよびk_dは吸着および脱離の速度定数，pは吸着する分子の分圧である[14]。

これに対して，物理吸着は，表面と分子間が双極子−誘起双極子相互作用，すなわちファンデルワールス力によって引きつけあって吸着する場合である。分子間にも同様の相互作用がはたらき，吸着は多分子層に

14　溶液では圧力の代わりに溶質の濃度を用いても同様の関係がある。

なる。これを表すモデルとして**BET**(Brunauer-Emmett-Teller)**の式**がある。BETの式は，粉末材料の表面積を測定する方法としても利用されており，液体窒素温度でN_2を吸着させる操作によって比表面積(1gあたりの表面積(m^2/g))が測定される。

$$\frac{v_m p}{v(p_0 - p)} = \frac{1}{C} + \frac{(C-1)p}{Cp_0} \qquad (5.57)$$

吸着量vは飽和圧p_0で無限大になるとし，Cは吸着熱に関する定数である。**図5.29**に示すように吸着量と気体の相対圧の関係は，化学吸着では飽和に達するのに対して，物理吸着では高い圧力になると気体は液化して無限大の吸着量になる。

金属酸化物MOでは，M−O間の結合に極性があるので表面は分極している。水中のように表面に水分子が吸着する状態では，その分極と吸着質の電荷が合わさって表面に帯電した状態となる。水中での固体表面の電位は，粒子が分散した液に電場を加えて電気泳動により移動する速度を調べることで測定できる。このようにして測定した水中での固体表面の電位を**ゼータ電位**[15]といい，水などへの粒子の分散凝集制御に必要な物性である。

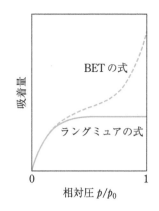

図5.29 吸着量と気体の相対圧(分圧／飽和圧)の関係における化学吸着(ラングミュアの式)と物理吸着(BETの式)の模式図

15 ゼータ(ζ)電位は固体表面に吸着した分子(イオン)と液相との間でのずれ面で測定される電位である。

5.9.3◇触媒

触媒は，それが関与する反応速度を著しく増加させるが，それ自体は反応前後で変化しない物質である。アレニウスの式(第4章4.1節参照)で，活性化エネルギーEを減少させれば反応速度が増加する。触媒は，同じ反応に対して途中の経路を新しくつくることによって低い活性化エネルギーを実現する。この活性化エネルギーの減少の程度が大きい触媒のことを活性が高いという。

触媒反応では，その固体表面でつくられる反応中間体の状態を考える。例えば，反応A→Bに関して，触媒Sが関与する中間状態ASを介した，A+S→ASとAS→B+Sの2段階あるいは複数の反応過程を考える。それぞれの反応には活性化エネルギーがあり，それらは触媒無しの場合に比べ非常に低い。固体表面では，反応基質の吸着，拡散，中間体生成，拡散，生成物の脱離の過程を経て，反応が完結する。

前項で述べたように，固体表面には特有の構造，すなわち活性な原子位置とその化学結合状態ができる。上の反応でいえば，触媒は，このような表面の特定の点(場所)で分子Aと相互作用して中間体ASを生成する。反応が最適におこる場所(特定の部位)を活性点(活性サイト)という。金属でいえば，テラス上の結晶面とステップの角の金属原子ではその活性が異なるとされている。第4章図4.8の原子状酸素の観察は，金属上では分子が分解して吸着する現象(解離吸着)であり，これは触媒作用がもっとも単純化されてあらわれた例である。触媒表面の電子状態の制御・最適化，結晶構造を利用した物質間での電子授受の効率化，表面原子数

の増加などが触媒の活性向上のための主要な因子である。また，化学反応が生じる高温での変性防止など，触媒の安定性も重要である。

触媒が実用化されるには，特定物質を反応生成させる選択性，活性，耐久性の3点が必要である。触媒では，反応試験で活性な物質を探索するとともに，このような活性化の現象がどこでどのようにおこるかの特定と，最適化のための粉末作製技術が重要となってくる。さらには，触媒を装置に装着するためには，部品として強度と形状を維持できる支持体として，セラミックス焼結多孔体が有用である。このように，多くの触媒では，原子レベルから部品レベルの大きさまでを無機材料が担っている。

5.9.4◇吸着材・触媒の特徴

吸着材・触媒は，一般に，表面積が大きく多孔性である。N_2吸着測定結果をBETの式およびその他のモデルで解析すると，材料の比表面積だけでなく細孔容積，細孔分布が測定できる。吸着サイトや反応サイトを増加させるために，材料には表面を多くして，ガスの拡散を緩慢にするような細孔をもつことが求められる。天然のゼオライトは結晶構造中に規則的な0.3〜1 nmの細孔を有しており，化学合成したものでも5 nm以下の細孔を作製することができる。また，最近では，1 nm〜数十nmの規則的なメソ孔をもつ材料も作製されている。

金属酸化物では結合の極性により表面の電荷に偏りがあるため，固体酸(solid acid)，固体塩基(solid base)の性質が発現する。水溶液での中和反応と同じく，酸性表面には塩基性の分子(NH_3など)が，塩基性表面には酸性の分子(NO_2, CO_2など)が吸着するので吸着選択性を与えることができる。Al_2O_3上に水分子を吸着させて約100〜150℃で脱水すると，表面に水酸基が残り，H^+を与えるブレンステッド酸点が生成する。高温で焼成すると表面にO^{2-}とAl^{3+}の両方が露出するが，Al-O結合の電荷の偏り(電気陰性度の差)から，Al^{3+}が電子を供与されるルイス酸点，O^{2-}がその逆のルイス塩基点となる。このような表面の酸点，塩基点は吸着分子の種類や吸着の強さ，反応性に影響する。

触媒は，触媒成分，助触媒，担体といった役割を分担した複合材料である。触媒には，どれくらいの大きさの粒子か，またその形態や結晶相など，活性サイトのある表面構造を変える因子によって活性が影響されるという，構造敏感性(structure sensitive)の性質がみられる。つまり，化学成分だけでなく，触媒材料の性状，ひいては作製プロセスに依存した性能の違いが生まれてくる。実用触媒において長期使用後の活性の低下に影響する要因としては，固相反応による成分組成や結晶相の変化，焼結(シンタリング)による粗大化，反応成分の固着(被毒)などがあり，これらは主として固体材料の特性によるものである。

非常に活性な触媒は，一般にPtなどの貴金属や高活性な遷移金属類

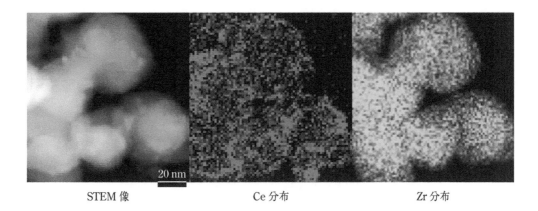

|図5.30| STEM 像 　　　　　　　　　Ce 分布 　　　　　　　　　Zr 分布

|図5.30| **ZrO₂–CeO₂系担体の微細構造の走査透過電子顕微鏡（STEM）像と元素分布**

が触媒成分となるが，金属酸化物などの担体に担持して高分散な状態で用いる必要がある。また，触媒作用をもつ助触媒成分を活性向上のために添加し，触媒の活性や選択性をより良い状態にするための構造をつくる必要がある。**図5.30**は，ZrO_2上にCeO_2の分散状態を制御した材料を電子顕微鏡で観察し元素分布を調べたもので，担体と助触媒の作用が同時に発現するような微細構造をもっている。近年の触媒技術では，高表面積の担体上で原子状や原子数層，ナノ粒子の状態をとり，結晶表面構造や電子的な影響により，より高い触媒活性を示す触媒が目標とされる。このような金属と担体間の相互作用は，SMSI（strong metal support interation）効果とよばれ，耐久性を含め，性能向上のための実用触媒設計の1つの鍵となっている。

5.10 ◆ 環境・エネルギー関連材料

5.10.1 ◇ 環境・エネルギー関連技術と無機材料

　無機材料は，環境保全やエネルギー製造の分野においても重要な地位を占めている。製品において材料の性質がそのままで重要な性能を発揮するような例とは異なり，材料の性能が社会のあり方そのものにかかわるので，その使い方が必要に応じて変わっていくような分野である。したがって，物理化学的性質が複合化した形であらわれて装置化されていくため，狭い専門性ではとらえきれないような場合も多くなる。

　環境・エネルギー関連技術には，エネルギー製造と環境保全・資源保全の2つの分野がある。エネルギー製造技術は，発電所などの大規模施設での総合技術ではあるが，個々の工程では，プラントラインの材料や各種反応のための触媒，機械部品に入り込んだモーターや電力貯蔵の技術などにおいて，多くの無機材料が使われる。また，環境保全・資源保全技術には，大気・水・土壌の汚染を浄化する吸着材・触媒材料，資源リサイクルの工程において元素回収のための捕集機能をもたせた材料

や，リサイクル後の製造技術のための材料などが用いられる。

エネルギー製造分野では，火力発電所での燃焼後の環境保全において，脱硝工程では触媒にゼオライトなど，脱硫工程では吸収剤として炭酸カルシウムなどが利用されている。また，原子力発電所では，燃料棒や核廃棄物の処理材としてセラミックスが主要な役割を果たしている。環境関連では，例えば，分離用の多孔質セラミックスフィルター，ゼオライトや炭素の吸着材・イオン交換体，汚染ガスを浄化する希土類酸化物，ZrO_2系触媒担体，TiO_2をはじめとした光触媒などが汚染物質の浄化に利用されている。

環境・エネルギーに関する問題は，現在，人類が直面しているもっとも大きな課題として認識されており，その解決のために，さらなる技術の進展が期待される。

5.10.2◇エネルギー製造

エネルギー製造は現代社会の根幹ともいえる総合技術であり，現状，日本では全エネルギーの大半の供給源は火力発電である。火力発電のような化石燃料の燃焼によるエネルギー製造（広く動力を炭素質，炭化水素類の燃焼から取り出す技術）では，エネルギー変換効率の向上が重要課題である。一方で，大気中CO_2濃度の増加は地球温暖化の原因であり，低炭素（炭素成分を使わない）技術の重要性が指摘されている[16]。原子力発電は火力発電に比べて地球温暖化の抑制に貢献するとされる[17]。シリコン（Si）を用いた太陽光発電では，電池性能が低いあるいは寿命が短いと，製造のためのエネルギー量に対する発電量が少なくなってしまうため，総合的な評価のもとにグリーンな（CO_2排出の少ない）技術かどうかが判断される必要がある。電力を蓄積できることから利用が期待される二次電池についても同様で，エネルギーや資源を利用して製造されるので，電池の性能が低いとCO_2排出量は相対的に多くなる。

産業革命以降，人間の活動は汚染物質の排出などにより大気や土壌の環境を悪化させてきた。工場，発電所，焼却炉設備や，自動車エンジンなどから，有害有機物，粒子状物質（PM），オキシダント，NOx，一酸化炭素COなどの汚染物質が高濃度で排出される。地球温暖化に関与するCO_2もこれに含まれる。また，原子力発電において生じる放射性廃棄物による放射能汚染などの人体や生態系にも及ぶとされる物理的な影響もある。これらの有害成分の排出は，人体や社会への影響が大きいことから，多くの国で環境規制のような目に見える形で制限されている。環境・エネルギーの分野は，人体や生態系への影響から重要視されるとともに，各国や各個人の価値観とも密接に関係しているため，1つの視点からだけでは記述できない。

現状，日本におけるエネルギー製造の中心である火力発電と並行して，石油を資源とする石油化学関連産業ならびに燃料（ガソリンなど）の製造

16　大気環境へのCO_2排出という観点では，CO_2のライフサイクルアセスメント（life cycle assessment, LCA）を考慮する必要がある。LCAは，ある製品について，資源採取から生産，流通，消費，廃棄に至るまでの全ライフサイクルにおける環境影響を定量的に評価する方法であり，ISO（国際標準化機構）による国際規格がある。

17　一般に，放射能汚染回復のためのエネルギーなどは考慮されない。

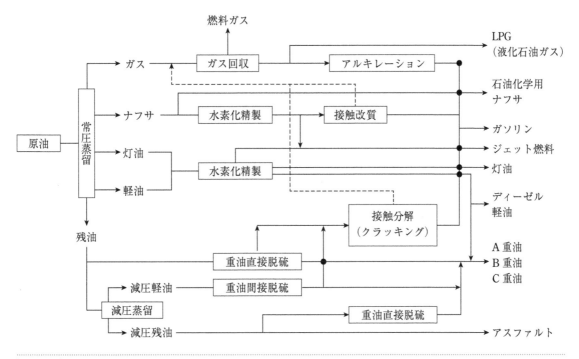

図5.31 | 石油化学のプロセス

産業が広く展開している。**図5.31**に，原料である重油から製品が製造されるまでの流れを示す。石油化学プロセスは有用な有機物や高分子材料の製造原料も供給するが，そこには多くの触媒および担体が組み込まれており，そのほとんどは無機材料や貴金属の組み合わせである。

　ゼオライトは，重油を炭素数の少ない炭化水素に分解する(クラッキング)のに必要な触媒である。石油精製プロセスでは，結晶構造内の規則的な細孔に有機分子を取り込み，各種の反応を促進する。とくに，酸化ランタン/ゼオライト系触媒は，重油留分を分解し低沸点の炭化水素に変換するプロセスで広く用いられ，ガソリンなどの主要な燃料の製造において重要である。

　将来の燃料として水素が期待されている。燃料用の水素は，以下に示す代表的な水蒸気改質反応や水性ガスシフト反応により化石炭素資源と水から製造されている。

$$CH_4 + H_2O \rightarrow CO + 3H_2 \qquad Ni/A_2O_3 系触媒$$
$$CO + H_2O \rightarrow CO_2 + H_2 \qquad Fe-Cr系やCu-Zn系酸化物，貴金属触媒$$

　図5.32に，環境政策が進むドイツにおけるエネルギー製造方法の割合を示す。いわゆる再生可能エネルギーである風力発電や太陽光発電に加え，原子力発電もある一定の割合で利用されているが，炭素資源(バイオマスを含む)による従来のエネルギー製造の割合が約50%と比較的低いのが特徴である。

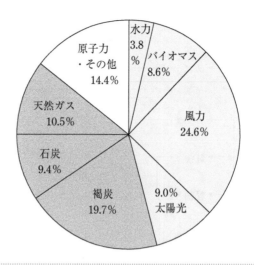

図5.32 | ドイツにおける電力製造の技術別割合（2019年）

[Fraunhofer ISE Energy Charts（2019）より作成：https://www.ise.fraunhofer.de/en/press-media/news/
2019/Public-net-electricity-generation-in-germany-2019.html]

原子力発電は，CO_2排出の原因である炭素源を直接利用しない。核燃料供給にはウラン濃縮が不可欠で，炉心には二酸化ウランUO_2成形体が利用される。熱中性子遮蔽にはB_4C，B_2O_3やホウ砂などを含む無機材料の成形体が用いられる。さらに，使用済核燃料を再処理し，プルトニウム，ウランなどを回収し，有効利用する技術，高レベル放射性廃棄物のガラス固化処分などに無機材料が関連する。

再生可能エネルギーの利用を普及させるために必要な材料に関する技術はまだ不十分である。再生可能エネルギーの分野で無機材料が直接的に貢献している例としては，各種製造工程において触媒を用いることによるエネルギーの低減や，廃棄シリコンを利用した太陽電池の製造，希土類磁石を用いた高性能モーターなどである。低炭素技術は，製造プロセスと素材の両面から，将来的な環境保全に貢献し，その発展が期待される。

5.10.3◇大気環境保全

大気汚染は人類や他の生物の生命・健康に対して危害を与えるため，大気環境の保全はあらゆる産業活動において基本的かつ重要な要素である。さらに，大気汚染は気候に関与し，近年頻繁に生じる異常気象による被害の遠因にもなっており，こうした観点からも大気環境の保全はきわめて重要である。

大気汚染物質は，固定発生源から生じるものと移動発生源から生じるものに大別される。固定発生源から排出されるものとして重要なのが，火力発電所からの排出ガスである。石油，石炭などに含まれる硫黄の酸化による硫黄酸化物SOxや高温燃焼時に発生する窒素酸化物NOxを除去するために，火力発電所には脱硫，脱硝工程を行う設備がそれぞれ設

置されており，その工程では触媒が利用されている。

脱硫工程では，石膏石灰プロセスとよばれる以下の化学反応が利用される。ガス中のSO_2成分は炭酸カルシウム$CaCO_3$により硫酸カルシウム$CaSO_4$として回収固定化される。耐火性の石膏（$CaSO_4 \cdot 2H_2O$）の製造には，このような石膏石灰プロセスの生成物が使われている。

$$SO_2 + CaCO_3 + 0.5H_2O \rightarrow CaSO_3 \cdot 0.5H_2O + CO_2 \qquad （吸収反応）$$
$$CaSO_3 \cdot 0.5H_2O + 0.5O_2 + 1.5H_2O \rightarrow CaSO_4 \cdot 2H_2O \qquad （酸化反応）$$

脱硝工程では，選択的還元法（SCR）により，合成アンモニアを窒素酸化物NOxと反応させる以下の反応が行われている。この反応には，V_2O_5–WO_3系触媒が利用される。

$$4NO + 4NH_3 + O_2 \rightarrow 4N_2 + 6H_2O$$

大気汚染物質の移動発生源として重要なのは，自動車からの排ガスである。そのため，排ガス処理のための自動車用触媒は，触媒市場（触媒材料の販売価格）でも高い割合を占める。また，5.4.3項で述べた酸素センサーも，その応用の多くは自動車用である。自動車の動力源は，一般の乗用車などに利用されているガソリンエンジンと，産業利用の多いディーゼルエンジンに大別される。

三元触媒は，ガソリンエンジンの排ガスに含まれる炭化水素，COとNOxを浄化するために用いられ，ハニカム基材にコートされた金属触媒，担体，助触媒および排気系への装着容器から構成される。活性貴金属として，白金，パラジウム，ロジウムが重要である。担体としては準安定相からなる触媒用のアルミナ微粒子が用いられる。自動車用触媒では貴金属以外にセリウムが必須の成分で，とくにセリアジルコニア固溶体からなる微粒子は酸素貯蔵能（OSC）のすぐれた材料として広く普及している。これらを基材に塗布する粒子分散液（スラリー）の技術も重要である。ハニカム基材は細孔が上流から下流に貫通しており，高流速の排気をコートされた触媒に効率よく接触させるのに適している。低熱膨張率で多孔質のコーディエライトが多く用いられているが，自動車の一部および二輪車では金属のハニカム基材が使用されている。空気燃料比率（空燃比A/F）を一定に保つと高い浄化性能を示すため，酸素センサーが利用され，さらにOSC性能によって高活性を発現している（図5.33）。

ディーゼルエンジンでは，酸化触媒およびNOx還元触媒が利用される。酸化触媒は焼成炉にも装着されており，炭化水素類を燃焼して分解する。NOx還元触媒では自動車の三元触媒に似た材料やゼオライトが利用されている。触媒以外に，粒子状物質（PM）を捕集するためのフィルターとしてディーゼル・パティキュレート・フィルター（DPF）が利用されている。DPF上では，PMの捕集と燃焼除去が行われ，材料としてはコーディエライトやSiCが用いられている。図5.34のようにセラミッ

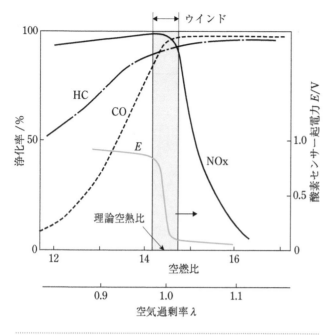

|図5.33|炭化水素(HC)，CO，NOx浄化率および酸素センサー起電力Eと空燃比および酸素過剰率の関係

最適な条件で高い性能を示すので酸素センサーにより制御する。

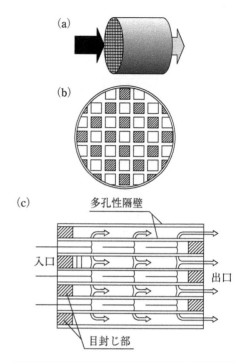

|図5.34|セラミックス成形技術によりつくられるDPFの形状とPM捕集のようす

(a)DPF模式図，(b)入口側から見たようす，(c)縦断面方向での排ガスの流れ。

クス押し出し成形などの技術でつくられる形状で，排ガスをフィルター壁内に通すようにしてPMを捕集する。

　大気汚染物質の浄化に利用される触媒に求められる性質は，有害物質の分解や無害化のための酸化還元反応の促進（反応速度の向上）である。また，例えばCO_2から有機物を合成する反応のための触媒材料など，環境保全のための物質変換技術が研究されている。

5.10.4◇水質・土壌環境保全

　水質や土壌が化学物質により汚染されると，人体や生態系に悪影響がある。また，生命に不可欠な水は，十分な量と質が確保されていなければならない。世界の地域によっては深刻な水不足と土壌汚染が生じていることから，水質・土壌環境の保全に向けた技術は重要である。

　上水道の浄水処理には，水質汚濁物質の除去のために，沈殿，ろ過，消毒の工程があり，また家庭用の上水道などにはさらに高度な処理がある。沈殿の工程では，凝集剤を添加し，10 μm以下の汚濁粒子を凝集させる。凝集剤としては，硫酸アルミニウムや高分子凝集剤（ポリ塩化アルミニウム）に加えて，活性ケイ酸なども補助的に用いられ，水中の粒子の帯電を消すことで凝集成長を促進して沈殿させる。ろ過の工程では，大規模な場合は砂，炭の層を通すことで行われるが，小規模な場合は

Al_2O_3 などのセラミックス多孔質材が用いられる。さらに高度な浄水処理としては，高比表面積の活性炭による吸着処理があげられる。活性炭は，ヤシ殻などを原料としてつくられ，比表面積数百〜$1000 \ m^2/g$ の多孔質構造をもつために，環境ホルモン，トリハロメタン，フェノールなどの有機物や有害無機物質を吸着除去する吸着材として有用である。このほかにも，消石灰（CaO）などのアルカリによる中和沈澱や塩化鉄（$FeCl_2$）存在下での共沈法による無機金属の除去，それを酸化処理するフェライト法，金属イオン交換法などの固定化法が適用される。

　下水道などの生活排水の処理としては，生物学的な原理による活性汚泥処理が代表的である。また，工場排水の処理はきわめて重要であり，有害物質除去のために各種の化学的手法が用いられている。かつて，アセトアルデヒド製造において触媒として用いられる無機水銀から副生したメチル水銀が工場排水として海に流出したために水俣病が発生した。

　土壌汚染としては，カドミウム，ヒ素，銅が鉱山から川を経由して農地へ流出した例がある。イタイイタイ病は富山県の神通川を経由してカドミウムが流出したために発生した。

　このような問題の解決には，製造法そのものを人の健康や生態系に配慮した安全な技術で代替することが必要である。このような技術を広く環境配慮型（environmentally-conscious）製造技術という。

　焼却炉からの飛灰中に含まれるダイオキシンや半導体洗浄工程を行う工場の排水に含まれる排出される塩素系有機物も土壌汚染の要因である。排出物の固定化は，吸着，層状構造をもつ粘土鉱物の存在下での燃焼処理，無機材料によるガラス固化などにより行われている。

5.10.5◇資源リサイクルと元素

　生活に利用される物質のうち，排出基準以下の微量成分は環境中に散逸するが，本来それ以外は再利用可能な元素資源である。有価元素のほとんどはリサイクルされて再利用されているが，一部は廃棄されて，資源としては失われる。このような物質移動を示すのがマテリアルフローである。**図5.35**は日本の輸出入に関するマテリアルフローで，流入資源の多くは国内でエネルギー製造などに消費される。

　図5.36は，元素の観点で見た，地球上での資源の存在量である。元素によってその絶対量に数桁の違いがあることがわかる。有価元素の量が限られていることは世界経済にも影響し，貴金属などの元素の希少性をさらに高めている。無機物質は，地球全体でみると非常に多いが，産業利用可能な量は限られている。その典型例は，鉄鋼生産における鉄鉱石である。65％以上のFe含有量をもつ Fe_2O_3，Fe_3O_4 鉄鉱石鉱床は，長年にわたる多量の使用で減少し，価格が高騰している傾向にあるが，もし低純度原料の利用技術があれば，この問題は解決する。このような低純度原料あるいは廃棄物からの資源回収は無機材料の資源有効利用を支

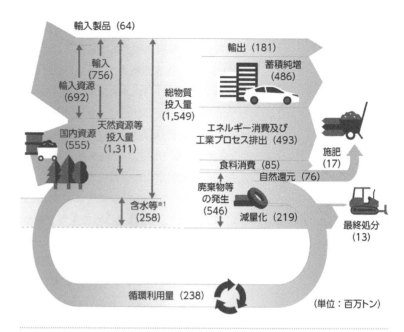

|図5.35| 日本におけるマテリアルフロー（2018年）

［環境省「令和3年版 環境・循環型社会・生物多様性白書」，p.184，図3-1-1］

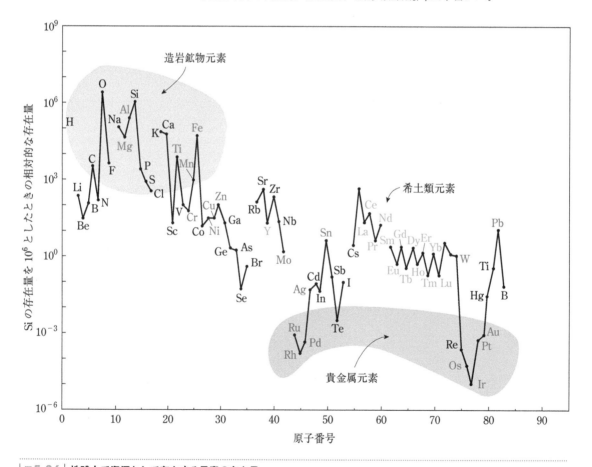

|図5.36| 地球上で資源として存在する元素の存在量

赤色の元素は，金属材料における主要な元素を表す。

［T. E. Gradel *et al.*（G. Gunn ed.），*Critical Metals Handbook*, John Wiley & Sons（2014），Fig.1.1 を改変］

Column 5.2

持続可能性とSDGs

国際連合では，持続可能な開発目標（Sustainable Development Goals, SDGs）を提唱して，地球を保護し人々が平和と豊かさを享受し貧困のない生活ができるような行動をよびかけている。目標は全17項目でそれらに関連する項目がリストになっており，目標達成のための具体的な行動内容も示されている。材料にかかわるエネルギー，環境，資源の技術をそのような観点から考えてみることがますます大切になってくるだろう。

える1つの技術である。消費・廃棄された工業製品には貴重な無機資源が蓄積されていることから，都市鉱山ともいわれる。

例えば，鉄鋼製造工程では，鉄鉱石に含まれるCa, Si, Alなどを含む金属酸化物混合物のスラグが副生する。これらは，微量の有害金属（Crなど）を含んでいる場合を除けば，高温焼成された安定なセラミックスであり，道路補修用の路盤材などとして利用されている。また，廃棄された鉄製品は回収されて電炉法によって鉄材が再生されて利用されている。金属AlはAl含有化合物の溶融塩電気分解により製造され，その際に多量の電気エネルギーが投入されている。したがって，回収せずに廃棄すると多量のエネルギーの散逸を招くことになるため，リサイクルが必須である。自動車用の貴金属なども同様である。各有価元素の回収は，一般に廃棄無機固体の溶解，溶融や酸化還元反応，抽出（錯体の分離），沈殿といった工程の組み合わせで行われる。

リチウムイオン電池用として需要が高まっているLiは南米の湖水に濃化されて存在するが，Li資源は限られている。同様に，多くの金属資源の地球表層での供給には限界があり，資源の国際的な偏在が経済的問題を生じることもある。リサイクルなどの資源関連技術は元素の有効利用という観点からだけではなく，持続可能な資源供給手段としても重要視されている。このような資源の問題は国際的な課題として往々にして取り上げられ，各国が資源政策の重点対象として位置づけている資源や元素はクリティカルマテリアル（critical materials）と表現される。

参考書

[第1章　元素と無機材料 に関して]

- M. Weller, T. Overton, J. Rourke, F. Armstrong 著，田中勝久，髙橋雅英，安部武志，平尾一之，北川 進 訳，シュライバー・アトキンス 無機化学（上）（下）第6版，東京化学同人（2016）
  - →無機化学の基礎，量子論的な説明や周期表，元素各論について，もっともバランスのとれた教科書であり，推奨したい。ただし，上下巻2冊で大部となるため，速習には不向きである。後半4分の1くらいに記載されている材料に関する記述（応用を含む）はそれぞれの専門書を参照することをお薦めする。
- J. D. Lee 著，浜口 博，菅野 等 訳，リー無機化学，東京化学同人（1982）
  - →古い本だが，簡単明瞭な説明で，元素の性質と無機化学の基礎を学べる。速習用に手元に置いておくとよい。
- F. A. Cotton, G. Wilkinson, P. L. Gaus 著，中原勝儼 訳，コットン ウィルキンソン ガウス 基礎無機化学 第3版，培風館（1998）
- G. Rayner-Canham, T. Overton 著，西原 寛，高木 繁，森山広思 訳，レイナーキャナム 無機化学，東京化学同人（2009）
  - →上記2冊は，元素各論の記述にすぐれている。
- D. A. McQuarrie, J. D. Simon 著，千原秀昭，江口太郎，斎藤一弥 訳，マッカーリ サイモン 物理化学―分子論的アプローチ（上），東京化学同人（1999）
  - →量子化学について，わかりやすい説明がなされている。

[第2章　無機材料の結晶構造 に関して]

- A. R. West 著，後藤 孝，武田保雄，君塚 昇，池田 攻，菅野了次，吉川信一，角野広平，加藤将樹 訳，ウエスト固体化学―基礎と応用，講談社（2016）
  - →結晶構造と化学結合の役割が理解できる。構造解析や分析法についても説明されている。
- M. Weller, T. Overton, J. Rourke, F. Armstrong 著，田中勝久，髙橋雅英，安部武志，平尾一之，北川 進 訳，シュライバー・アトキンス 無機化学（上）（下）第6版，東京化学同人（2016）
- W. D. Kingery, H. K. Bowen, D. R. Uhlmann 著，小松和藏，佐多敏之，守吉佑介，北澤宏一，植松敬三 訳，セラミックス材料科学入門 基礎編，内田老鶴圃（1980）
  - →上記2冊はともに，結晶構造についての基礎的な説

明がある。後者は，実践的な理解ができるように促している。
- F. S. Galasso 著，加藤誠軌，植松敬三 訳，図解 ファインセラミックスの結晶化学，アグネ技術センター（1987）
  - →古い本だが，結晶構造の例が多数記載されており，結晶構造の網羅的な把握に有用である。

[第3章　無機材料の熱力学 に関して]

- P. W. Atkins, J. de Paula 著，中野元裕，上田貴洋，奥村光隆，北河康隆 訳，アトキンス 物理化学（上）（下）第10版，東京化学同人（2017）
  - →大学における物理化学の標準的な教科書であり，物理化学全般について詳細な説明がある。読解に時間はかかるが，熱力学を基本として各分野の基礎が身につく。電位－pH図などの一部については，上記『シュライバー・アトキンス 無機化学』と併読するとよい。
- 山口明良，プログラム学習 相平衡状態図の見方・使い方，講談社（1997）
  - →理屈の説明はないものの，無機材料の状態図の見方や利用法について解説されている。

[第4章　無機材料の反応論 に関して]

- W. D. Kingery, H. K. Bowen, D. R. Uhlmann 著，小松和藏，佐多敏之，守吉佑介，北澤宏一，植松敬三 訳，セラミックス材料科学入門 基礎編，内田老鶴圃（1980）
  - →焼結などの無機固体（セラミックス）の反応の諸現象が解説されている。
- 原納淑郎，鈴木啓三，蒔田 董 編，応用物理化学III：反応速度，培風館（1985）
- 山本道晴，材料の速度論―拡散，化学反応速度，相変態の基礎，内田老鶴圃（2015）
  - →前者はコンパクトな本で，各種の反応の速度論が簡潔に説明されている。後者は，主として金属における各種反応を取り上げて，速度式の誘導を説明している。後者はマサチューセッツ工科大学（MIT）における講義録である（これくらいノートをとりたいものである）。
- 山口 喬，柳田博明 編，水谷惟恭ほか 著，セラミックスプロセシング，技報堂出版（1985）
  - →セラミックスの作製工程を概論できる。なお，無機材料の作製，合成反応に関しては，作製ノウハウ（手法）の紹介が主で，あまり定量的な記載がない本がほとんどである。

[第5章　無機材料の性質 に関して]

性質は各論であり，一挙にすべてを理解するというよりも，関心を持った内容についてそれぞれの専門書で理解を深めていくことになるため，一部のみをあげた。

- C. Kittel 著，宇野良清，津屋 昇，新関駒二郎，森田 章，山下次郎 訳，キッテル固体物理学入門（上）（下）第8版，丸善出版(2005)
  →書名には入門とあるが，入門書ではなく，全般的かつ標準的な内容の教科書である。電気的性質のほか，誘電性，磁気的性質，光学的性質が扱われている。
- W. D. Kingery, H. K. Bowen, D. R. Uhlmann 著，小松和藏，佐多敏之，守吉佑介，北澤宏一，植松敬三 訳，セラミックス材料科学入門 基礎編，内田老鶴圃(1980)
  →セラミックスの性質を応用面から概観するのに役立つ。
- J. M. Ziman 著，山下次郎，長谷川 彰 訳，固体物性論の基礎 第2版，丸善出版(1998)
- 坂田 亮，理工学基礎 物性科学，培風館(1989)
  →上記2冊は，主に電子論について詳しく説明されている。
- 山岡哲二，大矢裕一，中野貴由，石原一彦，バイオマテリアルサイエンス 第2版—基礎から臨床まで，東京化学同人(2018)
  →生体材料関連全般が扱われている。
- 岩澤康裕，中村潤児，福井賢一，吉信 淳，ベーシック表面化学，化学同人(2010)
  →表面化学に関する高度な内容がわかりやすく説明されている。
- 田中庸裕，山下弘巳 編著，触媒化学—基礎から応用まで，講談社(2017)
  →触媒化学の本は数多くあるが，多数の著者により，簡潔な説明がなされている。

推奨理由は省略するが，下記の本も参考にされたい。

- P. Atkins 著，細矢治夫 訳，元素の王国，草思社(1996)
- 平尾一之，田中勝久，中平 敦，無機化学 第2版—その現代的アプローチ，東京化学同人(2013)
- 平野真一，無機化学(基礎化学コース)，丸善出版(2012)
- 金澤孝文，鈴木 喬，脇原將孝，谷口雅男，無機工業化学—現状と展望，講談社(1994)
- 山下仁大，大倉利典，片山恵一，橋本和明，工学のための無機化学，サイエンス社(2000)
- 足立吟也 編著，固体化学の基礎と無機材料，丸善出版(1995)
- 幾原雄一 編著，セラミックス材料の物理—結晶と界面，日刊工業新聞社(1999)
- C. R. Barrett, A. S. Tetelman, W. D. Nix 著，井形直弘，堂山昌男，岡村弘之 訳，材料科学1—材料の微視的構造，材料科学2—強度特性，培風館(1979, 1980)
- 中西典彦，坂東尚周 編著，無機ファイン材料の化学，三共出版(1988)
- 杉本孝一，長村光造，山根寿己，牧 正志，菊池潮美，落合庄治郎，村上陽太郎，材料組織学，朝倉書店(1991)
- 清山哲郎，金属酸化物とその触媒作用—無機化学的アプローチ，講談社(1979)
- 川本克也，葛西栄輝，入門 環境の化学と工学，共立出版(2003)
- 菊地英一，射水雄三，瀬川幸一，多田旭男，服部 英，新版 新しい触媒化学，三共出版(2013)
- 江口浩一 編著，触媒化学(化学マスター講座)，丸善出版(2011)

他にも多くのすぐれた本があるが，紙面上の都合による省略をお許しいただきたい。また，セラミックス協会からはオムニバス形式のムックが各種出版されている。

索引

著者紹介

小澤　正邦（おざわ　まさくに）　博士（工学）

名古屋大学未来材料・システム研究所および大学院工学研究科材料デザイン工学専攻教授（兼担）

1957 年愛知県生まれ。名古屋大学工学部卒業，同大学院工学研究科修了。豊田中央研究所研究員を経て，1993 年に名古屋工業大学セラミックス研究施設助教授，2004 年に同大大学院物質工学専攻教授，2013 年から名古屋大学大学院教授。専門は環境触媒材料・無機材料化学。

排ガス浄化用触媒の研究などにより，日本化学会化学技術賞，米国自動車技術者協会 E2T 環境賞，日本希土類学会賞，日本材料学会学術貢献賞，粉体粉末冶金協会研究功績賞を受賞。また，短歌研究評論賞を受賞。

NDC 501　　191 p　　26 cm

はじめての無機材料化学（むきざいりょうかがく）

2022 年 2 月 21 日　第 1 刷発行

著　者	小澤正邦（おざわまさくに）
発 行 者	髙橋明男
発 行 所	株式会社　講談社

〒112-8001　東京都文京区音羽 2-12-21
　　　販　売　（03）5395-4415
　　　業　務　（03）5395-3615

編　集　株式会社　講談社サイエンティフィク

代表　堀越俊一

〒162-0825　東京都新宿区神楽坂 2-14　ノービィビル
　　　編　集　（03）3235-3701

本文データ制作	株式会社双文社印刷
表紙・カバー印刷	豊国印刷株式会社
本文印刷・製本	株式会社講談社

ISBN978-4-06-522789-3